普通高等教育"十一五"国家级规划教材
全国高职高专教育土建类专业教学指导委员会规划推荐教材

建筑工程质量控制

(工程监理专业)

本教材编审委员会组织编写
主编 李 峰
主审 郝 俊

中国建筑工业出版社

图书在版编目（CIP）数据

建筑工程质量控制/李峰主编．—北京：中国建筑工业出版社，2006
全国高职高专教育土建类专业教学指导委员会规划推荐教材．（工程监理专业）
ISBN 978-7-112-08577-4

Ⅰ．建… Ⅱ．李… Ⅲ．建筑工程-工程质量-质量控制-高等学校：技术学校-教材 Ⅳ．TU712

中国版本图书馆 CIP 数据核字（2006）第 064701 号

普通高等教育"十一五"国家级规划教材
全国高职高专教育土建类专业教学指导委员会规划推荐教材

建筑工程质量控制

（工程监理专业）

本教材编审委员会组织编写

主编 李 峰

主审 郝 俊

*

中国建筑工业出版社出版、发行（北京西郊百万庄）
各地新华书店、建筑书店经销
北京密云红光制版公司制版
北京建筑工业印刷厂印刷

*

开本：787×1092毫米 1/16 印张：11 字数：265千字
2006年8月第一版 2012年11月第十一次印刷
定价：20.00元
ISBN 978-7-112-08577-4
（20861）

版权所有 翻印必究
如有印装质量问题，可寄本社退换
（邮政编码 100037）

本社网址：http://www.cabp.com.cn
网上书店：http://www.china-building.com.cn

本教材是工程监理专业系列教材之一。根据高职高专工程监理专业人才培养目标与规格要求，本书介绍了建筑工程质量控制的基本知识、程序和方法。全书共6章，内容包括：建筑工程质量控制概述、工程施工阶段的质量控制、工程施工质量验收、工程施工质量问题和质量事故的处理、工程质量控制的统计分析方法、质量管理体系标准等。每章基本内容之后，附有思考题与习题。本书可作为高职高专工程监理专业的教材，亦可作为建筑类相关专业的选修教材和工程技术人员的自学参考书。

*　　*　　*

责任编辑：张　晶　朱首明
责任设计：赵明霞
责任校对：张景秋　王金珠

教材编审委员会名单

主　任：杜国城

副主任：杨力彬　胡兴福

委　员：(按姓氏笔画排序)

华　均　刘金生　危道军　李　峰　李海琦

武佩牛　战启芳　赵来彬　郝　俊　徐　南

序　言

我国自1988年开始实行工程建设监理制度。目前，全国监理企业已发展到6200余家，取得注册监理工程师执业资格证书者达10万余人。工程监理制度的建立与推行，对于控制我国工程项目的投资、保证工程项目的建设周期、确保工程项目的质量，以及开拓国际建筑市场均具有十分重要的意义。

但是，由于工程监理制度在我国起步晚，基础差，监理人才尤其是工程建设一线的监理人员十分匮乏，且人员分布不均、水平参差不齐。针对这一现状，近四五年以来，不少高职高专院校开办工程监理专业。但高质量教材的缺乏，成为工程监理专业发展的重要制约因素。

高职高专教育土建类专业教学指导委员会（以下简称"教指委"）是在教育部、建设部领导下的专家组织，肩负着指导全国土建类高职高专教育的责任，其主要工作任务是，研究如何适应建设事业发展的需要设置高等职业教育专业，明确建设类高等职业教育人才的培养标准和规格，构建理论与实践紧密结合的教学内容体系，构筑"校企合作、产学结合"的人才培养模式，为我国建设事业的健康发展提供智力支持。在建设部人事教育司的具体指导下，教指委于2004年12月启动了"工程监理专业教育标准、培养方案和主干课程教学大纲"课题研究，并被建设部批准为部级教学研究课题，其成果《工程监理专业教育标准和培养方案及主干课程教学大纲》已由中国建筑工业出版社正式出版发行。通过这一课题的研究，各院校对工程监理专业的培养目标、人才规格、课程体系、教学内容、课程标准等达成了广泛共识。在此基础上，组织全国的骨干教师编写了《建筑工程质量控制》、《建筑施工组织与进度控制》、《建筑工程计价与投资控制》、《工程建设法规与合同管理》、《建筑设备工程》5门课程教材，与建筑工程技术专业《建筑识图与构造》、《建筑力学》、《建筑结构》、《地基与基础》、《建筑材料》、《建筑施工技术》、《建筑工程测量》7门课程教材配套作为工程监理专业主干课程教材。

本套教材的出版，无疑将对工程监理专业的改革与发展产生深远的影响。但是，教学改革是一个不断深化的过程，教材建设也是一个推陈出新的过程。希望全体参编人员及时总结各院校教学改革的新经验，不断吸收建筑科技的新成果，通过修订完善，将这套教材做成"精品"。

全国高职高专教育土建类专业教学指导委员会
2006年6月

前　言

本教材是根据高等学校土建学科教学指导委员会高等职业教育专业委员会制定的工程建设监理专业的教育标准、培养方案的教学要求编写的。本教材主要是为了满足高等职业教育工程建设监理专业的教学需要，也适合其他相关专业教学及岗位培训等的需要。

《建筑工程质量控制》是工程监理专业的一门重要的专业课，本书主要介绍了建筑工程质量控制的概念、意义、程序和方法，其中重点介绍了工程施工阶段的质量控制，还包括工程施工质量验收、工程施工质量问题和质量事故的处理、工程质量控制的统计分析方法、质量管理体系标准等内容。

本教材主要特色：突出实践应用与可操作性，突出以能力为本位的思想；注重紧密结合建筑施工实际，努力做到深入浅出，文字通俗易懂，内容精练；坚持为工程监理专业高职高专教育的定位服务，侧重建筑工程施工阶段的质量控制；注意四个结合，即教材与监理工程师考试大纲相结合，与现行工程建设标准相结合，与现行法律、法规相结合，与我国监理行业、国际通用做法相结合；注重科学性与政策性。

本教材由山西建筑职业技术学院李峰担任主编并统稿，大连水产学院职业技术学院苏德利任副主编，由内蒙古建筑职业技术学院郝俊主审。第一章由四川建筑职业技术学院林文剑编写；第二章由李峰编写；第三、四章由苏德利编写；第五、六章由湖北城建职业技术学院詹亚民编写。

本教材在编写过程中，得到了有关方面的大力支持和帮助，在此一并表示感谢。

由于水平、时间有限，书中定有欠妥之处，恳请广大读者批评指正。

目 录

第一章 建筑工程质量控制概述 … 1
  第一节 建筑工程质量 … 1
  第二节 质量控制和工程质量控制 … 6
  第三节 工程质量的管理体制 … 9
  第四节 质量控制的主体与阶段 … 14
  思考题与习题 … 25

第二章 工程施工阶段的质量控制 … 26
  第一节 概述 … 26
  第二节 施工准备阶段的质量控制 … 38
  第三节 施工过程质量控制 … 49
  思考题与习题 … 80

第三章 工程施工质量验收 … 81
  第一节 概述 … 81
  第二节 建筑工程施工质量验收的基本规定 … 82
  第三节 建筑工程施工质量验收的划分 … 83
  第四节 建筑工程施工质量验收 … 84
  第五节 建筑工程施工质量验收的程序和组织 … 91
  思考题与习题 … 95

第四章 工程施工质量问题和质量事故的处理 … 96
  第一节 工程质量问题及处理 … 96
  第二节 工程质量事故的特点及分类 … 102
  第三节 工程质量事故处理的依据和程序 … 105
  第四节 工程质量事故处理方案的确定及鉴定验收 … 112
  第五节 质量通病及其防治 … 117
  思考题与习题 … 119

第五章 工程质量控制的统计分析方法 … 120
  第一节 质量数据统计基本知识 … 120
  第二节 工程质量的统计分析方法 … 124
  第三节 抽样检验方案 … 135
  思考题与习题 … 137

第六章 质量管理体系标准 … 139
  第一节 概述 … 139
  第二节 质量管理体系的原则和基础 … 140

  第三节 质量管理体系的建立、实施与认证……………………………… 147

  思考题与习题……………………………………………………………… 153

附录 施工质量验收表式………………………………………………… 154

参考文献…………………………………………………………………… 166

第一章 建筑工程质量控制概述

第一节 建筑工程质量

一、质量

2000 版 GB/T—ISO9000 族标准中质量的定义是：一组固有特性满足要求的程度。

质量的主体是"实体"，其实体是广义的，它不仅指产品，也可以是某项活动或过程、某项服务，还可以是质量管理体系及其运行情况。

质量是由实体的一组固有特性组成，特性是指区分的特征。特性可以是固有的或赋予的，可以是定性的或定量的。特性有各种类型，如一般有：物质特性（如机械的、电的、化学的或生物的特性）、感官特性（如嗅觉、触觉、味觉、视觉及感觉控测的特性）、行为特性（如礼貌、诚实、正直）、人体工效特性（如语言或生理特性、人身安全特性）、功能特性（如飞机的航程、速度）。质量特性是固有的特性，并通过产品、过程或体系设计的开发及其后之实现过程形成的属性。固有的意思是指在某事或某物中本来就有的，尤其是那种永久的特性。赋予的特性（如某一产品的价格）并非是产品、过程或体系的固有特性，不是它们的质量特性。

满足要求就是应满足明示的（如合同、规范、标准、技术、文件、图纸中明确规定的）、通常隐含的（如组织的惯例、一般习惯）或必须履行的（如法律、法规、行业规则）需要和期望。与要求相比较，满足要求的程度才反映为质量的好坏。对质量的要求除考虑满足顾客的需要外，还应考虑其他相关方即组织自身利益、提供原材料和零部件等供方的利益和社会的利益等多种需求。例如需考虑安全性、环境保护、节约能源等外部的强制要求。只有全面满足这些要求，才能评定为好的质量或优秀的质量。

顾客和其他相关方对产品、过程或体系的质量要求是动态的、发展的和相对的。质量要求随着时间、地点、环境的变化而变化。如随着技术的发展、生活水平的提高，人们对产品、过程或体系会提出新的质量要求，因此应定期评定质量要求、修订规范标准，不断开发新产品、改进老产品，以满足已变化的质量要求。另外，不同国家不同地区因自然环境条件不同、技术发达程度不同、消费水平不同和民俗习惯等的不同会对产品提出不同的要求，产品应具有这种环境的适应性，对不同地区应提供不同性能的产品，以满足该地区用户的明示或隐含的要求。

二、建筑工程质量

建筑工程质量简称工程质量。工程质量是指工程满足业主需要的，符合国家法律、法规、技术规范标准、设计文件及合同规定的特性综合。

建筑工程作为一种特殊的产品，除具有一般产品共有的质量特性，如性能、寿命、可靠性、经济性等满足社会需要的使用价值及其属性外，还具有特定的内涵。

1. 适用性。即功能，是指工程满足使用目的的各种性能。包括：理化性能，如尺寸规格、保温、隔热、隔声等物理性能，耐酸、耐腐蚀、防火、防风化、防尘等化学性能；结构性能，指地基基础牢固程度，结构的足够承载力、刚度和稳定性；使用性能，如民用住宅工程要能使居住者安居，工业厂房要能满足生产活动需要，道路、桥梁、铁路、航道要能通达便捷等，建设工程的组成部件、配件、水、暖、电、卫生器具、设备也要能满足其使用功能；外观性能，指建筑物的造型、布置、室内装饰效果、色彩等美观大方、协调等。

2．耐久性。即寿命，是指工程在规定的条件下，满足规定功能要求使用的年限，也就是工程竣工后的合理使用寿命周期。由于建筑物本身结构类型不同、质量要求不同、施工方法不同、使用性能不同的个性特点，目前国家对建设工程的合理使用寿命周期还缺乏统一的规定，仅在少数技术标准中，提出了明确要求。如民用建筑主体结构耐用年限分为四级（15~30年，30~50年，50~100年，100年以上），公路工程设计年限一般按等级控制在10~20年，城市道路工程设计年限，视不同道路构成和所用的材料也有所不同。对工程组成部件（如塑料管道、屋面防水、卫生洁具、电梯等等）也视生产厂家设计的产品性质及工程的合理使用寿命周期而规定不同的耐用年限。

3．安全性。是指工程建成后在使用过程中保证结构安全、保证人身和环境免受危害的程度。建筑工程产品的结构安全度、抗震、耐火及防火能力，人民防空的抗辐射、抗核污染、抗爆炸波等能力，能否达到特定的要求，都是安全性的重要标志。工程交付使用之后，必须保证人身财产、工程实体都能免遭工程结构破坏及外来危害的伤害。工程组成部件，如阳台栏杆、楼梯扶手、电器产品漏电保护、电梯各类设备等，也要保证使用者的安全。

4．经济性。是指工程从规划、勘察、设计、施工到整个产品使用寿命周期内的成本和消耗的费用。工程经济性具体表现为设计成本、施工成本、使用成本三者之和。包括从征地、拆迁、勘察、设计、采购（材料、设备）、施工、配套设施等建设全过程的总投资和工程使用阶段的能耗、水耗、维护、保养乃至改建更新的使用维修费用。通过分析比较，判断工程是否符合经济性要求。

5．与环境的协调性。是指工程与其周围生态环境协调，与所在地区经济环境协调以及与周围已建工程相协调，以适应可持续发展的要求。

上述五个方面的质量特性彼此之间是相互依存的，总体而言，适用、耐久、安全、经济、与环境适应性，都是必须达到的基本要求，缺一不可。但是对于不同门类不同专业的工程，如工业建筑、民用建筑、公共建筑、住宅建筑、道路建筑，可根据其所处的特定地域环境条件、技术经济条件的差异，有不同的侧重面。

工程质量要涉及全过程各个阶段相互作用的众多活动的影响，有时为了强调不同阶段对质量的作用，可以称某阶段对质量的作用和影响，如"设计对质量的作用和影响"、"施工对质量的作用和影响"等。

任何工程项目都是由检验批、分项工程、分部工程和单位工程所组成，而工程项目的建设则是通过一道道工序来完成，是在工序中创造的。所以，工程质量包含工序质量、检验批质量、分项工程质量、分部工程质量和单位工程质量。

工程质量的保证和基础是工作质量。工作质量是指参与工程建设者，为了保证工程质量所从事工作的水平和完善程度。工作质量包括：社会工作质量，如社会调查、市场预测、质量回访和保修服务等；生产工作质量，如政治工作质量、管理工作质量、技术工作质量和后勤工作质量等。工程质量的好坏是决策、计划、勘察、设计、施工等单位各方面、各环节工作质量的综合反映，而不是单纯靠质量检验检查出来的。要保证工程的质量，就要求有关部门和人员精心工作，对决定和影响工程质量的所有因素严加控制，即通过提高工作质量来保证提高工程的质量。

三、工程质量形成过程

工程质量是在工程建设过程中逐渐形成的。工程项目建设各个阶段，即可行性研究、项目决策、勘察、设计、施工、竣工验收等阶段，对工程质量的形成都产生不同的影响，所以工程项目的建设过程就是工程质量的形成过程。

1. 项目可行性研究

项目可行性研究是在项目建议书和项目策划的基础上，运用经济学原理对投资项目的有关技术、经济、社会、环境及所有方面进行调查研究，对各种可能的拟建方案和建成投产后的经济效益、社会效益和环境效益等进行技术经济分析、预测和论证，确定项目建设的可行性，并在可行的情况下，通过多方案比较从中选出最佳方案，作为项目决策和设计的依据。在此过程中，需要确定工程项目的质量要求，并与投资目标相协调。因此，项目的可行性研究及其质量直接影响项目的决策质量和设计质量。

2. 项目决策

项目决策阶段是通过项目可行性研究的项目评估，对项目的建设方案做出决策，使项目的建设充分反映业主的意愿，并与地区环境相适应，做到投资、质量、进度三者协调统一。所以，项目决策阶段对工程质量的影响主要是确定工程项目应达到的质量目标和水平。

3. 工程勘察、设计

工程的地质勘察是为建设场地的选择和工程的设计与施工提供地质资料依据。而工程设计是根据建设项目总体需求（包括已确定的定量目标和水平）和地质勘察报告，对工程的外形和内在的实体进行筹划、研究、构思、设计和描绘，形成设计说明书和图纸等相关文件，使得质量目标和水平具体化，为施工提供直接依据。

工程设计质量是决定工程质量的关键环节，工程采用什么样的平面布置和空间形式、选用什么样的结构类型、使用什么样的材料、构配件及设备等等，都直接关系到工程主体结构的安全可靠，关系到建设投资的综合功能是否充分体现规划意图。在一定程度上，设计的完美性也反映了一个国家的科技水平和文化水平。设计的严密性、合理性，也决定了工程建设的成败，是建设工程的安全、适用、经济与环境保护等措施得以实现的保证。

4. 工程施工

工程施工是指按照设计图纸和相关文件的要求，在建设场地上将设计意图付诸实现的测量、作业、检验、形成工程实体并建成最终建筑产品的活动。任何优秀的勘察设计成果，只有通过施工才能变为现实。因此工程施工活动决定了设计意图能否实现，它直接关系到工程的安全可靠、使用功能是否能得到保证，外表观感能否体现建筑设计的艺术水平。在一定程度上，工程施工是形成工程实体质量的决定性环节。

5. 工程竣工验收

工程竣工验收就是对工程项目施工阶段的质量通过检查评定、试车运转，考核项目质量是否达到设计要求，是否符合决策阶段确定的质量目标和水平，并通过验收确保工程项目的质量，所以工程竣工验收对质量的影响，是最终保证产品的质量。

四、影响工程质量的因素

影响工程质量的因素很多，但归纳起来主要有五个方面，即人（Man）、材料（Material）、机械（Machine）、方法（Method）和环境（Environment），简称4M1E因素。

1. 人员素质

人是生产经营活动的主体，也是工程项目建设的决策者、管理者、操作者，工程建设的全过程，如项目的规划、决策、勘察、设计和施工，都是通过人来完成的。人员的素质，即人的文化水平、技术水平、决策能力、管理能力、组织能力、作业能力、控制能力、身体素质及职业道德等，都将直接和间接地对规划、决策、勘察、设计和施工的质量产生影响，而规划是否合理、决策是否正确、设计是否符合所需要的质量功能、施工能否满足合同、规范、技术标准的需要等，都将对工程质量产生不同程度的影响，所以人员素质是影响工程质量的一个重要因素。因此，建筑行业实行经营资质管理和各类专业从业人员持证上岗制度是保证人员素质的重要管理措施。

2. 工程材料

工程材料泛指构成工程实体的各类建筑材料、构配件、半成品等，它是工程建设的物质条件，是形成工程质量的物质基础。工程材料选用是否合理、产品是否合格、材质是否已通过检验、保管是否得当等等，都将直接影响到建设工程的结构强度与刚度，影响工程外表及观感，影响工程的使用功能和使用安全。

3. 机械设备

机械设备可分为两类：一类是指组成工程实体及配套的工艺设备和各类机具，如电梯、泵机、通风设备等，它们构成了建筑设备安装工程或工业设备安装工程，形成了完整的使用功能；二类是指施工过程中使用的各类机具设备，包括大型垂直与横向运输设备、各类操作工具、各种施工安全设施、各类测量仪器和计量器具等，简称施工机具设备，它们是施工生产的手段。施工机具设备对工程质量也有重要的影响，工程用机具设备产品质量的优劣，直接影响到工程施工的顺利进行，施工机具设备的类型是否符合工程施工特点，性能是否先进稳定，操作是否方便安全等，都将会影响工程项目的质量。

4. 方法

方法是指工艺方法、操作方法和施工方案。在工程施工中，施工方案是否合理，施工工艺是否先进，施工操作是否正确，都将对工程质量产生重大的影响。大力推进采用新技术、新工艺、新方法，不断提高工艺技术水平，是保证工程质量稳步提高的重要因素。

5. 环境条件

环境条件指对工程质量特性起重要作用的环境因素，包括：工程技术环境，如工程地质、水文、气象等；工程作业环境，如施工环境作业面大小、防护设施、通风照明和通信条件等；工程管理环境，主要指工程实施的合同结构与管理关系的确定，组织体制及管理制度等；周边环境，如工程邻近的地下管线、建（构）筑物等。环境条件往往对工程质量产生特定的影响。加强环境管理，改进作业条件，把握好技术环境，辅以必要的措施，是控制环境对工程质量影响的重要保证。

五、工程质量的特点

工程质量的特点是由工程项目的特点决定的。工程项目的特点一是具有单项性。工程项目不同于工厂中连续生产的批量产品，它是按业主的建设意图单项进行设计的，其施工内外部管理条件、所在地点的自然和社会环境、生产工艺过程等也各不相同，即使类型相同的工程项目，其设计、施工也存在着千差万别。二是具有一次性与寿命的长期性。工程项目的实施必须一次成功，它的质量必须在一次建设过程中全部满足合同规定的要求。它不同于制造业产品，如果不合格可以报废，售出的可以用退货或退还货款的方式补偿顾客的损失，工程质量不合格会长期影响生产使用，甚至危及生命财产的安全。三是具有高投入性。任何一个工程项目都要投入大量的人力、物力和财力，投入建设的时间也是一般制造业产品所不可比拟的，同时业主和实施者对于每个项目都需要投入大量特定的管理力量。四是具有生产管理方式的特殊性。工业项目施工地点是特定的，产品位置固定而操作人员流动，因此这些特点形成了工程项目管理方式的特殊性。这种管理方式的特殊性还体现在工程项目建设必须实施监督管理，以便对工程质量的形成有制约和提高的作用。五是具有风险性。工程项目在自然环境中进行建设，受大自然的阻碍或损害很多，同时由于建设周期很长，遭遇社会风险的机会也很多，工程的质量会受到或大或小的影响。

正是由于上述工程项目的特点而形成了工程质量本身的特点，即

1. **影响因素多**

建设工程质量受到多种因素的影响，如决策、设计、材料、机具设备、施工方法、施工工艺、技术措施、人员素质、工期、工程造价等，这些因素直接或间接地影响工程项目质量。

2. **质量波动大**

由于建筑生产的单件性、流动性，不像一般工业产品的生产那样，有固定的生产流水线、有规范化的生产工艺和完善的检测技术、有成套的生产设备和稳定的生产环境，所以工程质量容易产生波动且波动大。同时由于影响工程质量的偶然性因素和系统性因素比较多，其中任一因素发生变动，都会使工程质量产生波动。如材料规格品种使用错误、施工方法不当、操作未按规程进行、机械设备过度磨损或出现故障、设计计算失误等等，都会发生质量波动，产生系统性因素的质量变异，造成工程质量事故。为此，要严防出现系统性因素的质量变异，要把质量波动控制在偶然性因素范围内。

3. **质量隐蔽性**

建设工程在施工过程中，分项工程交接多、中间产品多、隐蔽工程多，因此质量存在隐蔽性。若在施工中不及时进行质量检查，事后只能从表面上检查，就很难发现内在的质量问题，这样就容易产生判断错误，尤其是第二类判断错误（将不合格品误认为合格品）。

4. **终检局限性**

工程项目建成后不可能像一般工业产品那样依靠终检来判断产品质量，或将产品拆卸、解体来检查其内在质量，或对不合格零部件进行更换；而工程项目的终检（竣工验收）无法进行工程内在质量的检验，发现隐蔽的质量缺陷。因此，工程项目的终检存在一定的局限性，这就要求工程质量控制应以预防为主，防患于未然。

5. **评价方法的特殊性**

工程质量的检查评定及验收是按检验批、分项工程、分部工程、单位工程进行的。检

验批的质量是分项工程乃至整个工程质量检验的基础，检验批合格质量主要取决于主控项目和一般项目经抽样检验的结果。隐蔽工程在隐蔽前要检查合格后验收，涉及结构安全的试块、试件以及有关材料，应按规定进行见证取样检测，涉及结构安全和使用功能的重要分部工程要进行抽样检测。工程质量是在施工单位按合格质量标准自行检查评定的基础上，由监理工程师（或建设单位项目负责人）组织有关单位、人员进行检查确认验收。这种评价方法也体现了"验评分离、强化验收、完美手段、过程控制"的指导思想。

第二节　质量控制和工程质量控制

一、质量控制

（一）质量管理的概念

质量管理是指"在质量方面指挥和控制组织的协调的活动"。

质量管理是一个组织全部管理职能的一个组成部分，其职能是质量方针、质量目标和质量职责的制定与实施。质量管理是有计划、有体系的活动，为实施质量管理需要建立质量体系，而质量体系又通过质量策划、质量控制、质量保证和质量改进等活动发挥其职能。可以说，这四项活动是质量管理的四大支柱工作。

（二）质量控制的概念

质量控制的定义是：质量管理的一部分，致力于满足质量要求。

上述定义可以从以下几方面去理解：

1. 质量控制是质量管理的重要组成部分，其目的是为了使产品、体系或过程的固有特性达到规定的要求，即满足顾客、法律、法规等方面所提出的质量要求（如适用性、安全性等）。所以，质量控制是通过采取一系列的作业技术和活动对各个过程实施控制的。

2. 质量控制的工作内容包括了作业技术和活动，也就是包括专业技术和管理技术两个方面。围绕产品形成全过程每一阶段的工作如何能保证做好，应对影响其质量的人、机、料、法、环（4M1E）因素进行控制，并对质量活动的成果进行分阶段验证，以便及时发现问题，查明原因，采取相应纠正措施，防止不合格产品的形成。因此，质量控制应贯彻预防为主与检验把关相结合的原则。

3. 质量控制应贯穿在产品形成和体系运行的全过程。每一过程都有输入、转换和输出等三个环节，通过对每一个过程三个环节实施有效控制，对产品质量有影响的各个过程处于受控状态，持续提供符合规定要求的产品才能得到保障。

二、工程质量控制

工程质量控制是指致力于满足工程质量要求，也就是保证工程质量满足工程合同、规范标准所采取的一系列的措施、方法和手段。工程质量要求主要表现为工程合同、设计文件、技术规范标准规定的质量标准。

（一）工程质量控制的意义

从工程的角度来说，质量控制就是为达到工程项目质量要求所采取的作业技术和活动。

作为监理工作控制的三个主要目标之一，质量目标是十分重要的，如果基本的质量目标不能实现，那么投资目标和进度目标都将失去控制的意义。

在现阶段，我国的监理工作主要是施工阶段的监理，而施工阶段的监理，大量的日常工作就是质量监理。因此，质量控制是监理工作中最基础的也是工作量最大的一项重要任务。

（二）工程质量控制的内容

质量控制的内容是"采取的作业技术和活动"。这些内容包括：

1. 确定控制对象，例如一道工序、设计过程、制造过程等。
2. 规定控制标准，即详细说明控制对象应达到的质量要求。
3. 制定具体的控制方法，例如工艺规程。
4. 明确所采用的检验方法，包括检验手段。
5. 实际进行检验。
6. 说明实际与标准之间有差异的原因。
7. 为解决差异而采取的行动。

工程质量的形成是一个有序和系统的过程，其质量的高低综合体现了项目决策、项目设计、项目施工及项目验收等各环节的工作质量。通过提高工作质量来提高工程项目质量，使之达到工程合同规定的质量标准。工程项目质量控制一般可分为三个环节：一是对影响产品质量的各种技术和活动确立控制计划与标准，建立与之相应的组织机构；二是要按计划和程序实施，并在实施活动的过程中进行连续检验和评定；三是对不符合计划和程序的情况进行处置，并及时采取纠正措施等。抓好这三个环节，就能圆满完成质量控制任务。

工程项目质量控制的实施活动通常可分为如下三个层次：

1. 质量检验。采用科学的测试手段，按规定的质量标准对工程建设活动各阶段的工序质量及建筑产品进行检查，不合格产品不允许出厂，不合格原材料不允许使用，不合格工序令其纠正。这种控制实质是事后检验把关的活动。

2. 统计质量控制。在项目建设各阶段，特别是施工阶段中，运用数理统计方法进行工序控制，及时分析、研究产品质量状况，采取对策措施，防止质量事故的发生。通常又称其为狭义的"质量控制"。

3. 全面质量控制。是指为达到规定的工程项目质量标准而进行的系统控制过程。它强调以预防为主，领导重视，狠抓质量意识教育，着眼于产品全面质量，组织全员参与，实施全过程控制，采用多种科学方法来提高人的工作质量，保证工序质量，并以工序质量来保证产品质量，达到全面提高社会经济效益的目的。在我国的质量控制活动的实践中，常常将全面质量控制广义地理解为"全面质量管理"。

三种不同层次的质量控制标志着质量控制活动发展的三个不同历史阶段。而全面质量控制则是现代的、科学的质量控制，它从更高层次上包括了质量检验和统计质量控制的内容，是实现工程项目质量控制的有力手段。

三、工程质量控制的基本原理

控制是重要的管理活动。在管理学中，控制通常是指管理人员按计划标准来衡量所取得的成果，纠正发生的偏差，是目标和计划得以实现的管理活动。

建设工程项目的质量控制可采用 PDCA 循环原理，PDCA 循环（如图 1-1 所示），是人们在管理实践中形成的基本理论和方法。从实践论的角度看，管理就是确定任务目标，并按照 PDCA 循环原理来实现预期目标。由此可见 PDCA 是目标控制的基本方法。

1. 计划 P（Plan）。可以理解为质量计划阶段，明确质量目标并制订实现目标的行动方案。在建设工程项目的实施中，"计划"是指各相关主体根据其任务目标和责任范围，确定质量控制的组织制度、工作程序、技术方法、业务流程、资源配置、检验试验要求、质量记录方式、不合格处理、管理措施等具体内容和做法的文件，"计划"还须对其实现预期目标的可行性、有效性、经济合理性进行分析论证，按照规定的程序与权限审批执行。

2. 实施 D（Do）。包含两个环节，即计划行动方案的交底和按计划规定的方法与要求展开工程作业技术活动。计划交底的目的在于使具体的作业者和管理者，明确计划的意图和要求，掌握标准，从而规范行为，全面地执行计划的行动方案，步调一致地去努力实现预期的目标。

3. 检查 C（Check）。指对计划实施过程进行各种检查，包括作业者的自检、互检和专职管理者的专检。各类检查都包含两大方面：一是检查是否严格执行了计划的行动方案，实际条件是否发生了变化，不执行计划的原因；二是检查计划执行的结果，即产出的质量是否达到标准的要求，并对此进行确认和评价。

4. 处置 A（Action）。对于质量检查所发现的质量问题或质量不合格，及时进行原因分析，采取必要的措施，予以纠正，保持质量形成处于受控状态。处置分纠偏和预防两个步骤。前者是采取应急措施，解决当前的质量问题；后者是信息反馈管理部门，反思问题症结或计划的不周，为今后类似问题的质量预防提供借鉴。

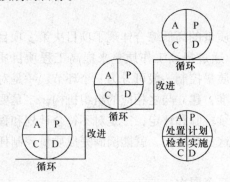

图 1-1　PDCA 循环示意图

四、工程质量控制的基本原则

监理工程师在工程质量控制过程中，应遵循以下几条原则：

1. 坚持质量第一的原则

建设工程质量不仅关系工程的适用性和建设项目的投资效果，而且关系到人民群众生命财产的安全。所以，监理工程师在进行投资、进度、质量三大目标控制和处理三者关系时，应坚持"百年大计，质量第一"，在工程建设中自始至终把"质量第一"作为对工程质量控制的基本原则。

2. 坚持以人为核心的原则

人是工程建设的决策者、组织者、管理者和操作者。工程建设中各单位、各部门、各岗位人员的工作质量，都直接和间接地影响工程质量。所以在工程质量控制中，要以人为核心，重点控制人的素质和人的行为，充分发挥人的积极性和创造性，以人的工作质量保证工程质量。

3. 坚持以预防为主的原则

工程质量控制应该是积极主动的，应事先对影响质量的各种因素加以控制，而不能是消极被动的，等出现质量问题再进行处理，那时已造成了不必要的损失。所以，要重点做好质量的事先控制和事中控制，以预防为主，加强过程和中间产品的质量控制。

4. 坚持质量标准的原则

质量标准是评价产品质量的尺度，工程质量是否符合合同规定的质量标准要求，应通过质量检验并对照质量标准得出结论，符合质量标准要求是合格，不符合质量标准要求就是不合格，必须采取整改或返工等方式进行处理。

5. 坚持科学、公正、守法的职业道德规范的原则

在工程质量控制中，监理人员必须坚持科学、公正、守法的职业道德规范，要尊重科学、尊重事实，用数据说话，客观、公正地进行质量验收和处理质量问题。要坚持原则，遵纪守法，秉公监理。

第三节　工程质量的管理体制

一、工程质量责任体系

在工程项目建设中，参与工程建设的各方，应根据国家颁布的《建设工程质量管理条例》以及合同、协议及有关文件的规定承担相应的质量责任。

（一）建设单位的质量责任

1. 建设单位要根据工程特点和技术要求，按有关规定选择相应资质等级的勘察、设计单位和施工单位，并真实、准确、齐全地提供与建设工程有关的原始资料。凡建设工程项目的勘察、设计、施工、监理以及工程建设有关重要设备材料等的采购，均实行招标，依法确定程序和方法，择优选定中标者。不得将应由一个承包单位完成的建设工程项目肢解成若干部分发包给几个承包单位；不得迫使承包方以低于成本的价格竞标；不得任意压缩合理工期；不得明示或暗示设计单位或施工单位违反建设强制性标准，降低建设工程质量。建设单位对其自行选择的设计、施工单位发生的质量问题承担相应责任。

2. 建设单位应根据工程特点，配备相应的质量管理人员。对国家规定强制实行监理的工程项目，必须委托有相应资质等级的工程监理单位进行监理。建设单位应与监理单位签订监理合同，明确双方的权利和义务。

3. 建设单位在工程开工前，负责办理有关施工图设计文件审查、工程施工许可证和工程质量监督手续，组织设计和施工单位认真进行设计交底；在工程施工中，应按国家现行有关工程建设法规、技术标准及合同规定，对工程质量进行检查，涉及建筑主体和承重结构变动的装修工程，建设单位应在施工前委托原设计单位或者具有相应资质等级的设计单位提出设计方案，经原审查机构审批后方可施工；工程项目竣工后，应及时组织设计、施工、工程监理等有关单位进行竣工验收，未经验收备案或验收备案不合格的，不得交付使用。

4. 建设单位按合同的约定负责采购供应的建筑材料、建筑构配件和设备，应符合设计文件和合同要求，对发生的质量问题，应承担相应的责任。

（二）勘察、设计单位的质量责任

1. 勘察、设计单位必须在其资质等级许可的范围内承揽相应的勘察设计任务，不许承揽超越其资质等级许可范围的任务，不得将承揽工程转包或违法分包，也不得以任何形式用其他单位的名义承揽业务或允许其他单位或个人以本单位的名义承揽业务。

2. 勘察、设计单位必须按照国家现行的有关规定、工程建设强制性技术标准和合同

要求进行勘察、设计工作，并对所编制的勘察、设计文件的质量负责。勘察单位提供的地质、测量、水文等勘察成果文件必须真实、准确。设计单位应提供的设计文件应当符合国家规定的设计深度要求，注明工程合理使用年限。设计文件中选用的材料、构配件和设备，应当注明规格、型号、性能等技术指标，其质量必须符合国家规定的标准。除有特殊要求的建筑材料、专用设备、工艺生产线外，不得指定生产厂、供应商。设计单位应就审查合格的施工图文件向施工单位作出详细说明，解决施工中对设计提出的问题，负责设计变更，参与工程质量事故分析，并对因设计造成的质量事故，提出相应的技术处理方案。

（三）施工单位的质量责任

1. 施工单位必须在其资质等级许可的范围内承揽相应的施工任务，不许承揽超越其资质等级业务范围的任务，不得将承接的工程转包或违法分包，也不得以任何形式用其他施工单位的名义承揽工程或允许其他单位或个人以本单位的名义承揽工程。

2. 施工单位对所承包的工程项目的施工质量负责。应当建立健全质量管理体系，落实质量责任制，确定工程项目的项目经理、技术负责人和施工管理负责人。实行总承包的工程，总承包单位应对全部建设工程质量负责。建设工程勘察、设计、施工、设备采购的一项或多项实行总承包的，总承包单位应对其承包的建设工程或采购的设备质量负责；实行总分包的工程，分包应按照分包合同约定对其分包工程的质量向总承包单位负责，总承包单位与分包单位对分包工程的质量承担连带责任。

3. 施工单位必须按照工程设计图纸和施工技术规范标准组织施工。未经设计单位同意，不得擅自修改工程设计。在施工中，必须按照工程设计要求、施工技术规范标准和合同约定，对建筑材料、构配件、设备和商品混凝土进行检验，不得偷工减料，不使用不符合设计和强制性技术标准要求的产品，不使用未经检验和试验或检验和试验不合格的产品。

（四）工程监理单位的质量责任

1. 工程监理单位应按其资质等级许可的范围承担工程监理业务，不许超越本单位资质等级许可的范围或以其他工程监理单位的名义承担工程监理业务，不得转让工程监理业务，不许其他单位或个人以本单位的名义承担工程监理业务。

2. 工程监理单位应依照法律、法规以及有关技术标准、设计文件和建设工程承包合同，与建设单位签订监理合同，代表建设单位对工程质量实施监理，并对工程质量承担监理责任。监理责任主要有违法责任和违约责任两个方面。如果工程监理单位弄虚作假，降低工程质量标准，造成质量事故的，要承担法律责任。若工程监理单位与承包单位串通，谋取非法利益，给建设单位造成损失的，应当与承包单位承担连带责任。如果监理单位在责任期内，不按照监理合同约定履行监理职责，给建设单位或其他单位造成损失的，属违约责任，应当向建设单位赔偿。

（五）建筑材料、构配件及设备生产或供应单位的质量责任

建筑材料构配件及设备生产或供应单位对其生产或供应的产品质量负责。生产厂或供应商必须具备相应的生产条件、技术装备和质量管理体系，所生产或供应的建筑材料、构配件及设备的质量应符合国家和行业现行的技术规定的合格标准和设计要求，并与说明书和包装上的质量标准相符。且应有相应的产品检验合格证，设备应有详细的使

用说明等。

二、工程质量政府监督管理体制与职能

（一）监督管理体制

国务院建设行政主管部门对全国的建设工程质量实施统一监督管理。国务院铁路、交通、水利等有关部门按国务院规定的职责分工，负责对全国的有关专业建设工程质量的监督管理。县级以上地方人民政府建设行政主管部门对本行政区域内的建设工程质量实施监督管理。县级以上地方人民政府交通、水利等有关部门在各自职责范围内，负责本行政区域内的专业建设工程质量的监督管理。

国务院发展计划部门按照国务院规定的职责，组织稽查特派员，对国家出资的重大建设项目实施监督检查；国务院经济贸易主管部门按国务院规定的职责，对国家重大技术改造项目实施监督检查；国务院建设行政主管部门和国务院铁路、交通、水利等在有关专业部门、县级以上地方人民政府建设行政主管部门和其他有关部门，对有关建设工程质量的法律、法规和强制性标准执行情况加强监督检查。

县级以上政府建设行政主管部门和其他有关部门履行检查职责时，有权要求被检查的单位提供有关工程质量的文件和资料，有权进入被检查单位的施工现场进行检查，在检查中发现工程质量存在问题时，有权责令改正。

政府的工程质量监督管理具有权威性、强制性、综合性的特点。

（二）工程项目质量政府监督的职能

1. 为加强对建设工程质量的管理，我国《建筑法》及《建设工程质量管理条例》明确政府行政主管部门设立专门机构对建设工程质量行使监督职能，其目的是保证建设工程质量、保证建设工程的使用安全及环境质量。

2. 各级政府质量监督机构对建设工程质量监督的依据是国家、地方和各专业建设管理部门颁发的法律、法规及各类规范和强制性标准。

3. 政府对建设工程质量监督的职能包括两大方面：

（1）监督工程建设的各方主体（包括建设单位、施工单位、材料设备供应单位、设计、勘察单位和监理单位等）的质量行为是否符合国家法律及各项制度的规定；

（2）监督检查工程实体的施工质量，尤其是地基基础、主体结构、专业设备安装等涉及结构安全和使用功能的施工质量。

三、工程质量管理制度

（一）施工图设计文件审查制度

施工图设计文件（以下简称施工图）审查是政府主管部门对工程勘察设计质量监督管理的重要环节。施工图审查是指国务院建设行政主管部门和省、自治区、直辖市人民政府建设行政主管部门委托依法认定的设计审查机构，根据国家法律、法规、技术标准与规范，对施工图进行结构安全和强制性标准、规范执行情况等进行的独立审查。

1. 施工图审查的范围

建筑工程设计等级分级标准中的各类新建、改建、扩建的建筑工程项目均属审查范围。省、自治区、直辖市人民政府建设行政主管部门，可结合本地的实际，确定具体的审查范围。

建设单位应当将施工图报送建设行政主管部门，由建设行政主管部门委托有关审查机

构,进行结构安全和强制性标准、规范执行情况等内容的审查。建设单位将施工图报请审查时,应同时提供下列资料:批准的立项文件或初步设计批准文件;主要的初步设计文件;工程勘察成果报告;结构计算书及计算软件名称等。

2．施工图审查的主要内容

(1) 建筑物的稳定性、安全性审查,包括地基基础和主体结构是否安全、可靠。

(2) 是否符合消防、节能、环保、抗震、卫生、人防等有关强制性标准、规范。

(3) 施工图是否达到规定的深度要求。

(4) 是否损害公众利益。

3．施工图审查程序

施工图审查的各个环节可按以下步骤办理:

(1) 建设单位向建设行政主管部门报送施工图,并作书面登录。

(2) 建设行政主管部门委托审查机构进行审查,同进发出委托审查通知书。

(3) 审查机构完成审查,向建设行政主管部门提交技术性审查报告。

(4) 审查结束,建设行政主管部门向建设单位发出施工图审查批准书。

(5) 报审施工图设计文件和有关资料应存档备查。

对审查不合格的项目,提出书面意见后,由审查机构将施工图退回建设单位,并由原设计单位修改,重新送审。施工图一经审查批准,不得擅自进行修改。如遇特殊情况需要进行涉及审查主要内容的修改时,必须重新报原审批部门,由原审批部门委托审查机构审查后再批准实施。

(二) 工程质量监督制度

国家实行建设工程质量监督管理制度。工程质量监督管理的主体是各级政府建设行政主管部门和其他有关部门。但由于工程建设周期长、环节多、点多面广,工程质量监督工作是一项专业技术性强,且很繁杂的工作,政府部门不可能亲自进行日常检查工作。因此,工程质量监督管理由建设行政主管部门或其他有关部门委托的工程质量监督机构具体实施。

工程质量监督机构是经省级以上建设行政主管部门或有关专业部门考核认定,具有独立法人资格的单位。它受县级以上地方人民政府建设行政主管部门或有关专业部门的委托,依法对工程质量进行强制性监督,并对委托部门负责。

工程质量监督机构的主要任务:

1．根据政府主管部门的委托,受理建设工程项目的质量监督。

2．制定质量监督工作方案,确定负责该项工程的质量监督工程师和助理质量监督师。根据有关法律、法规和工程建设强制性标准,针对工程特点,明确监督的具体内容、监督方式。在方案中对地基基础、主体结构和其他涉及结构安全的重要部位和关键过程,作出实施监督的详细计划安排,并将质量监督工作方案通知建设、勘察、设计、施工、监理单位。

3．检查施工现场工程建设各方主体的质量行为;检查施工现场工程建设各方主体及有关人员的资质或资格;检查勘察、设计、施工、监理单位的质量管理体系和质量责任制落实情况;检查有关质量文件、技术资料是否齐全并符合规定。

4．检查建设工程实体质量。按照质量监督工作方案,对建设工程地基基础、主体结构和其他涉及安全的关键部位进行现场实地抽查，对用于工程的主要建筑材料、构配件的质量进行抽查。对地基基础分部、主体结构分部和其他涉及安全的分部工程的质量验收进行监督。

5. 监督工程质量验收。监督建设单位组织的工程竣工验收的组织形式、验收程序以及在验收过程中提供的有关资料和形成的质量评定文件是否符合有关规定，实体质量是否存在严重缺陷，工程质量验收是否符合国家标准。

6. 向委托部门报送工程质量监督报告。报告的内容应包括对地基基础和主体结构质量检查的结论，工程施工验收的程序、内容和质量检验评定是否符合有关规定，及历次抽查该工程质量问题和处理情况等。

7. 对预制建筑构件和混凝土的质量进行监督。

8. 受委托部门委托按规定收取工程质量监督费。

9. 政府主管部门委托的工程质量监督管理的其他工作。

（三）工程质量检测制度

工程质量检测工作是对工程质量进行监督管理的重要手段之一。工程质量检测机构是对建设工程、建筑构件、制品及现场所有的有关建筑材料、设备质量进行检测的法定单位。在建设行政主管部门领导和标准化管理部门指导下开展检测工作，其出具的检测报告具有法定效力。法定的国家级检测机构出具的检测报告，在国内为最终裁定，在国外具有代表国家的性质。

1. 国家级检测机构的主要任务

（1）受国务院建设行政主管部门委托，对指定的国家重点工程进行检测复核，提出检测复核报告和建议。

（2）受国家建设行政主管部门和国家标准部门委托，对建筑构件、制品及有关材料、设备及产品进行抽样检验。

2. 各省级、市（地区）级、县级检测机构的主要任务

（1）对本地区正在施工的建设工程所用的材料、混凝土、砂浆和建筑构件等进行随机抽样检测，向本地建设工程质量主管部门和质量监督部门提出抽样报告和建议。

（2）受同级建设行政主管部门委托，对本省、市、县的建筑构件、制品进行抽样检测。

对违反技术标准、失去质量控制的产品，检测单位有权提供主管部门停止其生产的证明，不合格产品不准出厂，已出厂的产品不得使用。

（四）工程质量保修制度

建设工程质量保修制度是指建设工程在办理交工验收手续后，在规定的保修期限内，因勘察、设计、施工、材料等原因造成的质量问题，要由施工单位负责维修、更换，由责任单位负责赔偿损失。质量问题是指工程不符合国家工程建设强制性标准、设计文件以及合同中对质量的要求。

建设工程承包单位在向建设单位提交工程竣工验收报告时，应向建设单位出具工程质量保修书，质量保修书中应明确建设工程保修范围、保修期限和保修责任等。

在正常使用条件下，建设工程的最低保修期限为：

1. 基础设施工程、房屋建筑工程的地基基础和主体结构工程，为设计文件规定的该

工程的合理使用年限；

2. 屋面防水工程、有防水要求的卫生间、房间和外墙面的防渗漏，为5年；

3. 供热与供冷系统，为2个采暖期、供冷期；

4. 电气管线、给排水管道、设备安装和装修工程，为2年。

其他项目的保修期由发包方与承包方约定。保修期自竣工验收合格之日起计算。

建设工程在保修范围和保修期限内发生质量问题的施工单位应当履行保修义务。保修义务的承担和经济责任的承担应按下列原则处理：

1. 施工单位未按国家有关标准、规范和设计要求施工，造成的质量问题，由施工单位负责返修并承担经济责任。

2. 由于设计方面的原因造成的质量问题，先由施工单位负责维修，其经济责任按有关规定通过建设单位向设计单位索赔。

3. 因建筑材料、构配件和设备不合格引起的质量问题，先由施工单位负责维修，其经济责任属于施工单位采购的，由施工单位承担经济责任；属于建设单位采购的，由建设单位承担经济责任。

4. 因建设单位（含监理单位）错误管理造成的质量问题，先由施工单位负责维修，其经济责任由建设单位承担，如属监理单位责任，则由建设单位向监理单位索赔。

5. 因使用单位使用不当造成的损坏问题，先由施工单位负责维修，其经济责任由使用单位自行负责。

6. 因地震、洪水、台风等不可抗拒原因造成的损坏问题，先由施工单位负责维修，建设参与各方根据国家具体政策分担经济责任。

第四节 质量控制的主体与阶段

一、质量控制的主体与阶段

1. 质量控制的主体

工程质量按其实施主体不同，分为自控主体和监控主体。前者是指直接从事质量职能的活动者，后者是指对他人质量能力和效果的监控者，主要包括以下四个方面：

（1）政府的工程质量控制。政府属于监控主体，它主要是以法律法规为依据，通过抓工程报建、施工图设计文件审查、施工许可、材料和设备准用、工程质量监督、重大工程竣工验收备案等主要环节进行的。

（2）工程监理单位的质量控制。工程监理单位属于监控主体，它主要是受建设单位的委托，代表建设单位对工程建设全过程进行的质量监督和控制，包括勘察设计阶段质量控制、施工阶段质量控制，以满足建设单位对工程质量的要求。

（3）勘察设计单位的质量控制。勘察设计单位属于自控主体，它是以法律、法规及合同为依据，对勘察设计的整个过程进行控制，包括工作程序、工作进度、费用及成果文件所包含的功能和使用价值，以满足建设单位对勘察设计质量的要求。

（4）施工单位的质量控制。施工单位属于自控主体，它是以工程合同、设计图纸和技术规范为依据，对施工准备阶段、施工阶段、竣工验收交付阶段等施工全过程的工作质量和工程质量进行的控制，以达到合同文件规定的质量要求。

2. 质量控制的阶段

从工程项目的质量形成过程来看,要控制工程项目质量,就要按照建设过程的顺序依法控制各阶段的质量。

(1) 项目决策阶段的质量控制。选择合理的建设场地,使项目的质量要求和标准符合投资者的意图,并与投资目标相协调;使建设项目与所在的地区环境相协调,为项目的长期使用创造良好的运行环境和条件。

(2) 项目勘察设计阶段的质量控制。主要是要选择好勘察设计单位,要保证工程设计符合决策阶段确定的质量要求,保证设计符合有关技术规范和标准的规定,要保证设计文件、图纸符合现场和施工的实际条件,其深度能满足施工的需要。

(3) 工程施工阶段的质量控制。一是择优选择能保证工程质量的施工单位;二是严格监督承建商按设计图纸进行施工,并形成符合合同文件规定质量要求的最终建筑产品。

二、工程勘察设计阶段的质量控制

(一) 勘察设计质量的概念

工程项目的质量目标与水平,是通过设计使其具体化,据此作为施工的依据,而勘察是设计的重要依据,同时对施工有重要的指导作用。勘察设计质量的优劣,直接影响工程项目的功能、使用价值和投资的经济效益,关系着国家财产和人民生命的安全。设计的质量有两层意识,首先设计应满足业主所需的功能和使用价值,符合业主投资的意图,而业主所需的功能和使用价值,又必然要受到经济、资源、技术、环境等因素的制约,从而使项目的质量目标与水平受到限制;其次设计都必须遵守有关城市规划、环保、防灾、安全等一系列的技术标准、规范、规程,这是保证设计质量的基础。而勘察工作不仅要满足设计的需要,更要以科学求实的精神保证所提交勘察报告的准确性、及时性,为设计的安全、合理提供必要的条件。实践证明,不遵守有关法规、技术标准,不但业主所需的功能和使用价值得不到保障,反而有可能使工程存在重大的事故隐患和质量缺陷,给业主造成更大的危害和损失。

综上所述,勘察设计质量的概念,就是在严格遵守技术标准、法规的基础上,对工程地质条件做出及时、准确的评价,正确处理和协调经济、资源、技术、环境条件的制约,使设计项目能更好地满足业主所需要的功能和使用价值,能充分发挥项目投资的经济效益。

(二) 勘察设计阶段的质量控制

1. 勘察质量控制

(1) 勘察阶段划分及其工作要求和程序

工程勘察的主要任务是按勘察阶段的要求,正确反映工程地质条件,提出岩土工程评价,为设计、施工提供依据。工程勘察工作一般分三个阶段,即可行性研究勘察、初步勘察和详细勘察。当工程地质条件复杂或有特殊施工要求的重要工程,应进行施工勘察,各勘察阶段的工作要求如下:

1) 可行性研究勘察,又称选址勘察,其目的是要通过搜集、分析已有资料,进行现场踏勘。必要时,进行工程地质测绘和少量勘探工作,对拟选场址的稳定性和适宜性作出岩土工程评价,进行技术经济论证和方案比较,满足确定场地方案的要求。

2) 初步勘察是指在可行性研究勘察的基础上,对场地内建筑地段的稳定性做出岩土工程评价,并为确定建筑总平面布置、主要建筑物地基基础方案及对不良地质现象的防治工作方案进行论证,满足初步设计或扩大初步设计的要求。

3) 详细勘察应对地基基础处理与加固、不良地质现象的防治工程进行岩土工程计算与评价,满足施工图设计的要求。

对于施工勘察,不仅是在施工阶段对施工有关的工程地质问题进行勘察,提出相应的工程地质资料以制定施工方案,对工程竣工后一些必要的勘察工作（如检验地基加固效果等）也属于施工勘察的内容。

工程勘察的工作程序一般是:承接勘察任务,搜集已有资料,现场踏勘,编制勘察纲要,出工前准备、野外调查、测绘、勘探、试验,分析资料,编制图件和报告等。对于大型工程或地质条件复杂的工程,工程勘察单位要做好施工阶段的勘察配合、地质编录和勘察资料验收等工作,如发现有影响设计的地形、地质问题,应进行补充勘察和过程监测。

(2) 勘察阶段质量控制要点

由于工程勘察工作是一项技术性、专业性很强的工作,因此监理工程师在熟练掌握其专业知识和相关法律、法规、规范的同时,应详细了解其工作特点和操作方式。按照质量控制的基本原理对工程勘察工作的人、机、料、法、环五大质量影响因素进行检查和过程控制,以保证工程勘察工作符合整个工程建设的质量要求。勘察阶段监理工程师进行质量控制的要点为:

1) 协助建设单位选定勘察单位

按照国家计委和建设部的有关规定,凡是在国家建设工程设计资质分级标准规定范围内的建设工程项目,建设单位均应委托具有相应资质等级的工程勘察单位承担勘察业务工作,委托可采用竞选委托、直接委托或招标三种方式,其中竞选委托可以采取公开竞选或邀请竞选的形式,招标亦可采用公开招标和邀请招标形式,但规定了强制招标或竞选的范围。建设单位原则上应将整个建设工程项目的勘察业务委托给一个勘察单位,也可以根据勘察业务的专业特点和技术要求分别委托几个勘察单位。在选择勘察单位时,监理工程师除重点对其资质控制外,还应重点核查以下内容:

①对参与拟建工程的主要技术人员的执业资格进行检查,对专职技术骨干比例进行考察,包括一级注册建筑师、一级注册工程师（结构）和国家实行其他专业注册工程师制度后的注册工程师;注册造价工程师;取得高级职称的技术人员,从事工程设计实践10年以上并取得中级职称技术人员。重点检查其注册证书有效性,签字权的级别是否与拟建工程相符。

②对勘察、设计单位实际的建设业绩、人员素质、管理水平、资金情况、技术装备进行实地考察,特别是对其近期完成的与拟建工程类型、规模、特点相似或相近的工程勘察、设计任务进行查访,了解其服务意识和工作质量。

③对勘察、设计单位的管理水平,重点考查是否达到了与其资质等级相应的要求和水平。如甲级要求建立以设计项目管理为中心,以专业管理为基础的管理体制,实行设计质量、进度、费用控制;企业管理组织结构、标准体系、质量体系健全,并能实现动态管理,宜通过 ISO 系列标准体系认证。

2) 勘察工作方案审查和控制

工程勘察单位在实施勘察工作之前,应结合各勘察阶段的工作内容和深度要求,按照有关规范、规程的规定,结合工程的特点编制勘察工作方案（勘察纲要）。勘察工作方案要体现规划、设计意图，如实反映现场的地形和地质概况，满足任务书上深度和合同工期的要求，工程勘察等级明确、勘察方案合理，人员、机具配备满足需要，项目技术管理制度健全，各项工作质量责任明确，勘察工作方案应由项目负责人主持编写，由勘察单位技术负责人审批、签字并加盖公章。

监理工程师应按上述编制要求对勘察工作方案进行认真审查。勘察工作方案除应满足上述要求外，根据不同的勘察阶段及工作性质，尚应提出不同的审查要点。例如对初步勘察阶段，要按工程勘察等级确认勘察探点、线、网布置的合理性，控制性勘探孔的位置、数量、孔深、取样数量是否满足规范要求等。

3) 勘察现场作业的质量控制

勘察工作期间，监理工程师应重点检查以下几个方面的工作：

①现场作业人员应进行专业培训，重要岗位要实施持证上岗制度，并严格按"勘察工作方案"及有关"操作规程"的要求开展现场工作并留下印证记录。

②原始资料取得的方法、手段及使用的设备应当正确、合理，勘察仪器、设备、实验室应有明确的管理程序，现场钻探、取样、机具应通过计量认证。

③原始记录表格应按要求认真填写清楚，并经有关作业人员检查、签字。

④项目负责人应始终在作业现场进行指导、督促检查，并对各项作业资料检查验收签字。

4) 勘察文件的质量控制

监理工程师对勘察成果的审核与评定是勘察阶段质量控制最重要的工作。首先应检查勘察成果是否满足以下条件：

①工程勘察资料、图表、报告等文件要依据工程类别按有关规定执行各级审核、审批程序，并由负责人签字。

②工程勘察成果应齐全、可靠，满足国家有关法规及技术标准和合同规定的要求。

③工程勘察成果必须严格按照质量管理有关程序进行检查和验收，质量合格方能提供使用。对工程勘察成果，检查验收和质量评定应当执行国家、行业和地方有关工程勘察成果检查验收评定的规定。

其次，由于工程勘察的最后结果是工程勘察报告，监理工程师必须详细审查，其报告中不仅要提出勘察场地的工程地质条件和存在的地质问题，更重要的是结合工程设计、施工条件，以及地基处理、开挖、支护、降水等工程的具体要求，进行技术认证和评价，提出岩土工程问题及解决问题的决策性具体建议，并提出基础、边坡等工程的设计准则和岩土工程施工的指导性意见，为设计、施工提供依据，服务于工程建设的全过程。

另外，针对不同的勘察阶段，监理工程师应对工程勘察报告的内容和深度进行检查，看其是否满足勘察任务书和相应设计阶段的要求。

5) 后期服务质量保证

勘察文件交付后，监理工程师应根据工程建设的进展情况，督促勘察单位作好施工阶段的勘察配合及验收工作，对施工过程中出现的地质问题要进行跟踪服务，做好监测、回访。特别是及时参加验槽、基础工程验收和工程竣工验收及与地基基础有关的工程事故处理工作，保证整个工程建设的总体目标得以实现。

6) 勘察技术档案管理

工程项目完成后，监理工程师应检查勘察单位技术档案管理情况，要求将全部资料，特别是质量审查、监督主要依据的原始资料，分类编目，归档保存。

2. 设计质量控制

(1) 工程设计阶段的划分

工程设计依据工作进程和深度不同，一般按扩大初步设计、施工图设计两个阶段进行；复杂的工业交通项目可按初步设计、技术设计和施工图设计三个阶段进行。二阶段设计和三阶段设计，是我国工程设计行业长期形成的基本工作模式，各阶段的设计包括设计说明、技术文件（图纸等）和经济文件（概预算）。其目的在于通过不同阶段设计深度的控制来保证设计质量。设计单位的工作模式在实践中因工程规模、性质和特点的不同有较大的灵活性。

(2) 设计阶段质量控制原则、任务和方法

1) 设计阶段质量控制的原则

①建设工程设计应当与社会、经济发展水平相适应，做到经济效益、社会效益和环境效益相统一。

②建设工程设计应当按工程建设的基本程序，坚持先勘察，后设计，再施工的原则。

③建设工程设计应力求做到适用、安全、美观、经济。

④建设工程设计应符合设计标准、规范的有关规定，计算要准确，文字说明要清楚，图纸要清晰、准确、避免"错、漏、碰、缺"。

2) 设计阶段质量控制的主要任务

①审查设计基础资料的正确性和完整性。

②协助建设单位编制设计招标文件或方案竞赛文件，组织设计招标或方案竞赛。

③审查设计方案的先进性和合理性，确定最佳设计方案。

④督促设计单位完善质量管理体系，建立内部专业交底及会签制度。

⑤进行设计质量跟踪检查，控制设计图纸的质量。

⑥组织施工图会审。

⑦评定、验收设计文件。

3) 设计阶段质量控制方法

为了有效地控制设计质量就必须对设计进行质量跟踪。设计质量跟踪不是监督设计人员画图，也不是监督设计人员结构计算和结构配筋，而是要定期地对设计文件进行审核，必要时，对计算书进行核查，发现不符合质量标准和要求的，指令设计单位修改，直至符合标准为止。这里所述的标准是指根据设计质量目标所采用的技术标准、规范及材料品种规格等。因此，设计质量控制的主要方法就是在设计过程中和阶段设计完成时，以设计招标文件（含设计任务书、地质勘察报告等）、设计合同、监理合同、政府有关批文、各项技术规范和规定、气象、地区等自然条件及相关资料、文件为依据，对设计文件进行深入细致的审核。审核内容主要包括：图纸的规范性，建筑造型与立面设计，平面设计，空间设计，装修设计，结构设计，工艺流程设计，设备设计，水、电、自控设计，城规、消防、卫生等部门的要求满足情况，专业设计的协调一致情况，施工可行性等方面。在审查过程中，特别要注意过分设计和不足设计两种极端情况。过分设计，导致经济性差；不足设计，存在隐患或功能降低。

3. 设计交底与图纸会审

设计交底与图纸会审不仅是工程建设中的惯例，而且是法律法规规定的相关各方的义务。

(1) 设计交底的目的和内容

设计交底是指在施工图完成并经审查合格后，设计单位在设计文件交付施工时，按法律规定的义务就施工图设计文件向施工单位和监理单位做出详细的说明。其目的是对施工单位和监理单位正确贯彻设计意图，使其加深对设计文件特点、难点、疑点的理解，掌握关键工程部位的质量要求，确保工程质量。

设计交底的主要内容一般包括：施工图设计文件总体介绍，设计的意图说明，特殊的工艺要求，建筑、结构、工艺、设备等各专业在施工中的难点、疑点和容易发生的问题说明，对施工单位、监理单位、建设单位等对设计图纸疑问的解释等。

(2) 图纸会审的目的和内容

图纸会审是指承担施工阶段监理的监理单位组织施工单位、设计单位以及建设单位、材料、设备供货等相关单位，在收到审查合格的施工图设计文件后，在设计交底前进行的全面细致地熟悉和审查施工图纸的活动。

其目的有两方面，一是使施工单位和各参建单位熟悉设计图纸，了解工程特点和设计意图，找出需要解决的技术难题，并制定解决方案；二是为了解决图纸中存在的问题，减少图纸的差错，将图纸中的质量隐患消灭在萌芽之中。图纸会审的内容一般包括：

1）是否无证设计或越级设计；图纸是否经设计单位正式签署。

2）地质勘探资料是否齐全。

3）设计图纸与说明是否齐全，有无分期供图的时间表。

4）抗震设防烈度是否符合当地要求。

5）几个设计单位共同设计的图纸相互间有无矛盾；专业图纸之间，平、立剖面图之间有无矛盾；标注有无遗漏。

6）总平面与施工图的几何尺寸、平面位置、标高等是否一致。

7）防火、消防是否满足要求。

8）建筑结构与各专业图纸本身是否有差错及矛盾；结构图与建筑图的平面尺寸及标高是否一致；建筑图与结构图的表示方法是否清楚；是否符合制图标准；预埋件是否表示清楚；有无钢筋明细表；钢筋的构造要求在图中是否表示清楚。

9）施工图中所列各种标准图册是否具备。

10）材料来源有无保证，能否代换；图中所要求的条件能否满足；新材料、新技术的应用有无问题。

11）地基处理方法是否合理，建筑与结构构造是否存在不能施工、不便于施工的技术问题，或容易导致质量、安全、工程费用增加等方面的问题。

12）工艺管道、电气线路、设备装置、运输道路与建筑物之间或相互间有无矛盾，布置是否合理。

13）施工安全、环境卫生有无保证。

14）图纸是否符合监理大纲所提出的要求。

(3) 设计交底与图纸会审的组织

设计交底建设单位负责组织，设计单位向施工单位和承担施工阶段监理任务的监理单位等相关参建单位进行交底。图纸会审由承担施工阶段监理任务的监理单位负责组织，施工单位、建设单位、设计单位等相关参建单位参加。

设计交底与图纸会审通常做法是，设计文件完成后，设计单位将设计图纸移交建设单位，报经有关部门批准后建设单位发给承担施工阶段任务的监理单位和施工单位。由施工阶段监理单位组织参建各方进行图纸会审，并整理成会审问题清单，在设计交底前一周交设计单位。承担设计阶段监理的监理单位组织设计单位做交底准备，并对会审问题清单拟定解答。设计交底一般以会议形式进行，先进行设计交底，后转入图纸会审问题解释，通过设计、监理、施工三方或参建多方研究协商，确定存在的图纸和各种技术问题的解决方案。设计交底应在施工开始前完成。

设计交底应由设计单位整理会议纪要，图纸会审应由施工单位整理会议纪要，与会各方会签。设计交底与图纸会审中涉及设计变更的尚应按监理程序办理设计变更手续。设计交底会议纪要、图纸会审会议纪要一经各方签认，即成为施工和监理的依据。

4. 设计变更控制

在施工图设计文件交与建设单位投入使用前或使用后，均会出现由于建设单位要求，或现场施工条件的变化，或国家政策法规的改变等原因而引起设计变更。设计变更可能由设计单位自行提出，也可能由建设单位提出，还可能由承包单位提出，不论谁提出都必须征得建设单位同意并且办理书面变更手续，凡涉及施工图审查内容的设计变更还必须报请原审查机构审查后再批准实施。

为了保证建设工程的质量，监理工程师应对设计变更进行严格控制，并注意以下几点：

(1) 应随时掌握国家政策法规的变化，特别是有关设计、施工的规范、规程的变化，有关材料或产品的淘汰或禁用，并将信息尽快通知设计单位和建设单位，避免产生设计变更的潜在因素。

(2) 加强对设计阶段的质量控制。特别是施工图设计文件的审核，对施工图节点做法的可施工性要根据自己的经验给与评判，对各专业图纸的交叉要严格控制会签工作，力争将矛盾和差错解决在出图之前。

(3) 对建设单位和承包单位提出的设计变更要求要进行统筹考虑，确定其必要性，同时将设计变更对建设工期和费用的影响分析清楚并通报给建设单位，非改不可的要调整施工计划，以尽可能减少对工程的不利影响。

(4) 要严格控制设计变更的签批手续，以明确责任，减少索赔。设计阶段设计变更由该阶段监理单位负责控制，施工阶段设计变更由承担施工阶段监理任务的监理单位负责控制。

三、工程施工阶段的质量控制

工程施工阶段质量控制是工程项目全过程质量控制的关键环节。工程质量很大程度上决定于施工阶段质量控制。其中心任务是通过建立健全有效的质量监督工作体系来确保工程质量达到合同规定的标准和等级要求。

施工阶段质量控制的具体内容详见第二章，其主要任务是通过对施工投入、施工和安装过程、产出品进行全过程控制，以及对参加施工的单位和人员的资质、材料和设备、施工机械和机具、施工方案和方法、施工环境实施全面控制,以期实现预定的施工质量目标。

施工阶段建设工程质量控制的主要工作内容有:

1. 审核承包单位的资格和质量保证体系,优选承包单位,确认分包单位;
2. 明确质量标准和要求;
3. 督促承包单位建立与完善质量保证体系;
4. 组织与建立本项目的质量监理控制体系;
5. 跟踪、监督、检查和控制项目实施过程中的质量;
6. 处理质量缺陷或事故;
7. 对施工项目进行验收。

四、设备采购与制造安装阶段的质量控制

(一) 设备采购阶段的质量控制

1. 审核、确定采购计划

采购计划是组织设备采购工作的指导性文件,是项目计划在采购工作中的深化和补充。它能够详细说明设备采购的工作范围、原则标准、程序和方法,采购计划相关各方的接口关系及在设备采购任务中的分工及责任关系。

采购计划可由雇主的项目采购经理或监理工程师负责编制,或者由承包商的有关人员负责编制,并提交监理工程师批准确认。承包商的采购计划不经监理工程师批准确认,不能执行。

2. 协助雇主选择设备供应商

选择供应商,事实上是选择项目合作伙伴,为了选择合格的供应商,应按照设备的重要性分类,采用书面查询、现场调查等方式对供应商或分供商进行调查。

通过调查了解掌握了相关信息后,进行综合分析比较,通过评审择优选择供应商。尤其是对某些成套设备或大型设备,还必须通过设备招标的方式来优选供应商。

(二) 设备的检查验收

设备质量是设备安装质量的前提,为确保设备质量,监理工程师需做好设备检查验收的质量控制。设备的检查验收包括供货单位出厂前的自查检验及用户安装单位在进入安装现场后的检查验收。

1. 设备检验的质量控制

设备的检验是一项专业性、技术性较强的工作,需要建设、设计、施工、安装、制造、监理等有关部门参加。重要的关键性大型设备,应由建设单位组织鉴定小组进行检验。一切随机的原始材料、自制设备的设计计算资料、图纸、测试记录、验收鉴定结论等应全部清点,整理归档。

2. 设备检验方法

(1) 设备开箱检查

设备出厂时,一般都要进行良好的包装,运到安装现场后,再将包装箱打开予以检查。设备开箱检查,建设单位和设计单位应派代表参加。在设备开箱检查中,设备及其零部件和专用工具,均应妥善保管,不得使其变形、损坏、锈蚀、错乱和丢失。设备开箱检查应做好记录。

(2) 设备的专业检查

设备的开箱检查，主要是检查外表，初步了解设备的完整程度，零部件、备品是否齐全；而对设备的性能、参数、运转情况的全面检验，则应根据设备类型的不同进行专项的检验和测试，如承压设备的水压试验、气压试验、气密性试验。

(3) 不合格设备的处理

1) 大型或专用设备

检验及鉴定其是否合格均有相应的规定，一般要经过试运转及一定时间的运行方能进行判断，有的则需要组成专门的验收小组或经权威部门鉴定。

2) 一般通用或小型设备

①出厂前装配不合格的设备，不得进行整机检验，应拆卸后找出原因制定相应的方案后再行装配。

②整机检验不合格的设备不能出厂。由制造单位的相关部门进行分析研究，找出原因、提出处理方案，如是零部件原因，则应进行拆换，如是装配原因，则重新进行装配。

③进场验收不合格的设备不得安装，由供货单位或制造单位返修处理。

④试车不合格的设备不得投入使用，并由建设单位组织相关部门进行研究处理。

(三) 设备安装的质量控制

设备安装要按设计文件实施，要符合有关的技术要求的质量标准。设备安装应从设备开箱起，直至设备的空载试运转，必须带负荷才能试运转的应进行负荷试运转。在安装过程中，监理工程师要做好安装过程的质量监督与控制，对安装过程中每一个分项、分部工程和单位工程进行检查质量验收。

1. 设备安装准备阶段的质量控制

(1) 审查安装单位提交的设备安装施工组织设计和安装施工方案。

(2) 检查作业条件：如运输道路、水、电、气、照明及消防设施；主要材料、机具及劳动力是否落实；土建施工是否已满足设备安装要求。安装工序中有恒温、恒湿、防震、防尘、防辐射要求时是否有相应的保证措施。当气象条件不利时是否有相应的措施。

(3) 采用建筑结构作为起吊、搬运设备的承力点时是否对结构的承载力进行了核算，是否征得设计单位的同意。

(4) 设备安装中采用的各种计量和检测器具、仪器、仪表和设备是否符合计量规定（精度等级不得低于被检对象的精度等级）。

(5) 检查安装单位的质量管理体系是否建立及健全，督促其不断完善。

2. 设备安装过程的质量控制

设备安装过程的质量控制主要包括：设备基础检验、设备就位、调平与找正、二次灌浆等不同工序的质量控制。

(1) 质量控制要点

1) 安装过程中的隐蔽工程，隐蔽前必须进行检查验收，合格后方可进入下道工序。

2) 设备安装中要坚持施工人员自检，下道工序的交检，安装单位专职质检人员的专检及监理工程师的复检（和抽检）并对每道工序进行检查和记录。

3) 安装过程使用的材料，如各种清洗剂、油脂、润滑剂、紧固件必须符合设计和产品标准的规定，有出厂合格证明及安装单位自检结果。

(2) 设备基础的质量控制

设备在安装就位前，安装单位应对设备基础进行检验，在其自检合格后提请监理工程师进行检查。一般是检查基础的外形几何尺寸、位置、混凝土强度等项。对大型设备基础应审核土建部门提供的预压及沉降观测记录，如无沉降记录时，应进行基础预压，以免设备在安装后出现基础下沉和倾斜。

监理工程师对设备基础检查验收时还应注意：

1) 所在基础表面的模板、地脚螺栓、固定架及露出基础外的钢筋等必须拆除，基础表面及地脚螺栓预留孔内油污、碎石、泥土及杂物、积水等应全部清除干净，预埋地脚螺栓的螺纹和螺母应保护完好，放置垫铁部位的表面应凿平。

2) 所有预埋件的数量和位置要正确。对不符合要求的质量问题，应指令承包单位立即进行处理，直至检验合格为止。

(3) 设备就位和调平找正

1) 设备就位的质量控制

正确地找出并划定设备安装的基准线，然后根据基准线将设备安放到正确位置上，统称就位。这个"位置"是指平面的纵、横向位置和标高。监理工程师的质量控制，就是对安装单位的测量结果进行复核，并检查其测量位置是否符合要求。此外，监理工程师还应注意，设备就位应平稳，防止摇晃位移；对重心较高的设备，应要求安装单位采取措施预防失稳倾覆。

2) 设备调平找正的质量控制

设备调平找正分为设备找正、设备初平及设备精平三个步骤。

设备找正调平时需要有相应的基准面和测点。安装单位所选择的测点应有足够的代表性（能代表其所在的面和线），且数量也不宜太多，以保证调整的效率；选择的测点数应保证安装的最小误差。一般情况下，对于刚性较大的设备，测点数可较少；对于易变形的设备使用工具、量具的精度进行审核，以保证满足质量要求。

对安装单位进行设备初平、精平的方法进行审核或复验（如安装水平度的检测；垂直度的检测；直线度的检测；平面度的检测；平行度的检测；同轴度的检测；跳动检测；对称度的检测等），以保证设备调平找正达到规范的要求。

(4) 设备的复查与二次灌浆

每台设备在安装定位、找正调平以后，安装单位要进行严格的复查工作，使设备的标高、中心和水平及螺栓调整垫铁的紧度完全符合技术要求，并将实测结果记录在质量表格中。安装单位经自检确认符合安装技术标准后，应提请监理工程师进行检验，经监理工程师检查合格，安装单位方可进行二次灌浆工作。

(5) 设备安装质量记录资料的控制

设备安装的质量记录资料反映了整个设备安装过程，对今后的设备运行及维修也具有一定意义。主要包括：

1) 安装单位质量管理检查资料

安装单位的质量管理制度，质量责任制，安装工程施工组织设计，安装方案；分包单位的资质及总包单位的管理制度；特殊作业人员上岗证书；安装作业安全制度。

2) 安装依据

设备安装图；图纸审查记录；作业技术标准；安装设备质量文件资料；安装作业交底资料。

3）设备、材料的质量证明资料

如：原材料、构配件进厂复验资料；试验检测资料；设备的验收资料。

4）安装设备验收资料

安装施工过程隐蔽工程验收记录（如基础、管道等）；工序交接验收记录；设备安装后整机性能检测报告；试装、试拼记录；安装过程中设计变更资料；安装过程不合格品处理及返修、返工记录。

5）监理工程师对资料的要求

①安装的质量记录资料要真实、齐全完整，签字齐备；

②所有资料结论要明确；

③质量记录资料要与安装过程的各阶段同步；

④组卷、归档要符合建设单位及接收使用单位的要求，国际投资的大型项目，资料应符合国际重点工程对验收资料的要求。

3. 设备试运行的质量控制

设备安装经检验合格后，还必须进行试运转，这是确保设备配套投产正常运转的重要环节。

设备安装单位认为达到试运行条件时，应向项目监理机构提出申请。经现场监理工程师检查并确认满足设备试运行条件时，由总监理工程师批准设备安装承包单位进行设备试运行。试运行时，建设单位及设计单位应有代表参加。

监理工程师在设备试运行过程的质量控制主要是监督安装单位按规定的步骤和内容进行试运行。

(1) 设备试运行的步骤及内容

一般中小型单体设备如机械加工设备，可只进行单机试车后即可交付生产。对复杂的，大型的机组、生产作业线等，特别是化工、石油、化纤、电力等连续生产的企业，必须进行单机、联运、投料等试车阶段。

试运行一般可分为准备工作、单机试车、联运试车、投料试车和试生产四个分段来进行。前一阶段是后一阶段试车的准备，后一阶段的试车必须在前一阶段完成后才能进行。

大型项目设备试运行的顺序，要根据安装施工的情况而定，但一般是公用工程的各个项目先试车，然后再对产品生产系统的各个装置进行试车。试运行中，应坚持以下步骤：

1）由无负荷到负荷；

2）由部件到组件，由组件到单机，由单机到机组；

3）分系统进行，先主动系统后从动系统；

4）先低速逐级增至高速；

5）先手控、后遥控运转，最后进行自控运转。

(2) 设备试运行过程的质量控制

监理工程师应参加试运行的全过程，督促安装单位做好各种检查及记录，如：传动系统、电气系统、润滑、液压、气动系统的运行状况，试车中如出现异常，应立即进行分析并指令安装单位采取相应措施。

思考题与习题

1. 什么是建设工程质量?
2. 建设工程质量的特性有哪些?其内涵如何?
3. 试述工程建设各阶段对质量形成的影响。
4. 试述影响工程质量的因素。
5. 什么是质量控制?其含义如何?
6. 什么是工程质量控制?简述工程质量控制的内容。
7. 简述监理工程师进行工程质量控制应遵循的原则。
8. 试述工程质量责任体系。
9. 简述工程质量政府监督管理体制及管理职能。
10. 简述工程质量管理制度。
11. 简述勘察设计质量的概念。
12. 监理工程师进行施工图审核的主要内容是什么?
13. 设计交底的目的和主要内容是什么?
14. 图纸会审一般包括的主要内容有哪些方面?
15. 简述设计交底和图纸会审应如何进行组织。
16. 监理工程师控制设计变更应注意哪些主要问题?

第二章 工程施工阶段的质量控制

第一节 概　述

工程施工是使业主及工程设计意图最终实现并形成工程实体的阶段，也是最终形成工程产品质量和工程项目使用价值的重要阶段。因此，施工阶段的质量控制不但是施工监理重要的工作内容，也是工程项目质量控制的重点。

监理工程师对工程施工的质量控制，就是按合同赋予的权利，围绕影响工程质量的各种因素，对工程项目施工进行有效的监督和管理，以保证工程质量达到施工合同和设计文件所规定的质量标准。

一、施工质量控制的系统过程

由于施工阶段是使工程设计意图最终实现并形成工程实体的阶段，也是最终形成工程实体质量的系统过程，所以施工阶段的质量控制是一个从对投入资源和条件的质量控制，进而对生产过程及各环节质量进行控制，直到对所完成的工程产出品的质量检验与控制为止的全过程的系统控制过程。这个系统过程可以按施工阶段工程实体质量形成的时间阶段划分；也可以根据施工阶段工程实体形成过程中物质形态的转化来划分；或者是将施工的工程项目作为一个大系统，按施工层次加以分解来划分。

（一）按工程实体质量形成过程的时间阶段划分

施工阶段的质量控制可以分为以下三个环节：

1. 施工准备质量控制

施工准备质量控制是指工程项目开工前的全面施工准备和施工过程中各分部分项工程施工作业前的施工准备（或称施工作业准备），此外，还包括季节性的特殊施工准备，这是确保施工质量的先决条件。包括相应施工技术标准的准备，质量管理体系、施工质量检验制度、综合施工质量水平评定考核制度的建立，施工方案的编制，各类人员、机械设备的配备，原材料、构配件的准备，设计交底与图纸会审等。

广义地讲，施工准备控制工作，还应包括施工招投标阶段的质量控制工作，主要是根据工程的类型、规模和特点，确定参与投标企业的资质等级；对符合条件并参与投标的承包企业进行考核，重点考核其实际的建设业绩、人员素质、管理水平、资金情况、技术装备等，择优选定正处于上升发展趋势，在与拟建工程类型、规模和特点相似或接近的工程施工中创出名牌优质工程的企业。

2. 施工过程质量控制

指在施工过程中对实际投入的生产要素质量及作业技术活动的实施状态和产出结果所进行的控制，包括作业者发挥技术能力过程的自控行为和来自有关管理者的监控行为。如作业技术交底、工序控制与交接检查、隐蔽工程与中间产品的检查或验收、设计变更的审查控制等。

3. 竣工验收质量控制

它是指对于通过施工过程所完成的具有独立的功能和使用价值的最终产品（单位工程或整个工程项目）及有关方面（例如质量文档）的质量进行认可的控制。

上述三个环节的质量控制系统工程及其所涉及的主要方面如图2-1所示。

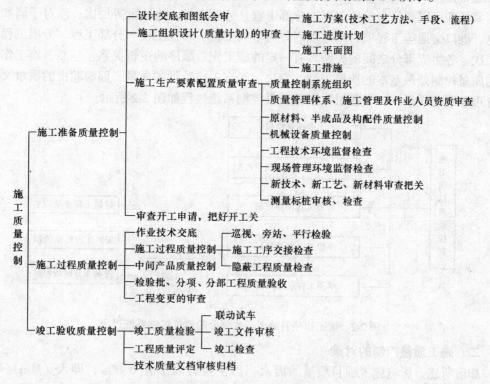

图2-1 施工阶段质量控制的系统过程

（二）按工程实体形成过程中物质形态转化的阶段划分

由于工程对象的施工是一项物质生产活动，所以施工阶段的质量控制系统过程也是一个经由以下三个阶段的系统控制过程。

1. 对投入的物质资源质量的控制

即对形成工程实体的原材料、半成品、构配件以及建筑设备、器材等的质量进行控制。

2. 施工过程质量控制

即在使投入的物质资源转化为工程产品的过程中，对影响产品的各因素、各环节及中间产品的质量进行控制。

3. 对完成的工程产出品质量的控制与验收

即严把验收关，主要指最终产品的检验与验收。

在上述三个阶段的系统过程中，前两个阶段对于最终产品质量的形成具有决定性的作用，而所投入的物质资源的质量控制对最终产品质量又具有举足轻重的影响。所以，质量控制的系统过程中，无论是对投入物质资源的控制，还是对施工及安装生产过程的控制，都应当对影响工程实体质量的五个重要因素，即对与施工有关的人员因素、材料（包括半成品、构配件）因素、机械设备因素（生产设备及施工设备）、施工方法（施工方案、方法及工艺）因素以及环境因素等进行全面的控制。

（三）按工程项目施工层次划分的系统控制过程划分

通常任何一个大中型工程建设项目可以划分为若干层次。例如，对于建筑工程项目按照国家标准可以划分为单位工程、分部工程、分项工程、检验批等层次；而对于诸如水利水电、港口交通等工程项目则可以划分为单项工程、单位工程、分部工程、分项工程等几个层次。各组成部分之间的关系具有一定的施工先后顺序的逻辑关系。显然，施工作业过程的质量控制是最基本的质量控制，它决定了有关检验批的质量；而检验批的质量又决定了分项工程的质量……。各层次间的质量控制系统过程如图2-2所示。

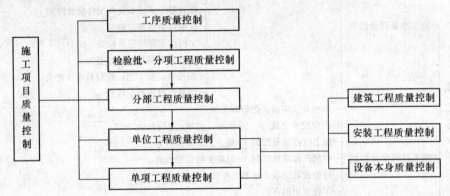

图2-2 按工程项目施工层次划分的质量控制系统过程

二、施工质量控制的对策

如前所述，影响施工项目质量的因素仍然主要有以下五个方面，即人（Man）、材料（Material）、机械（Machine）、方法（Method）和环境（Environment），简称4M1E因素。

施工质量控制的特点是由施工阶段的特殊任务及过程以及建设工程质量的特点所决定的。由于工程项目施工涉及面广，是一个极其复杂的综合过程，再加上位置固定、生产流动、结构类型不一、质量要求不一、施工方法不一、体形大、整体性强、建设周期长、受自然条件影响大等特点，直接导致质量控制工作量大、难度大。

综上所述，施工阶段质量控制工作需要我们付出不懈的、艰辛的努力，稍有不慎，将会导致质量问题，甚至是质量事故，从而给工程造成永久性缺陷，或者影响工程的使用寿命，或者导致安全事故或带来安全隐患，最终使设计意图和工程使用功能、使用价值大打折扣，直接影响到投资效果和投资效益。这就要求我们高度重视施工质量，牢牢把握施工规律，坚持质量控制原则，用科学的方法切实做好施工阶段的质量控制工作，始终把施工质量放在首位，以质量求生存，以质量出效益。

具体讲，施工阶段质量控制，就是为了确保合同、规范所规定的质量标准，所采取的一系列检测、监控措施、手段和方法。其主要对策有：

1. 以人的工作质量确保工程质量

工程质量是人所创造的，所以我们对工程质量的控制始终应"以人为本"，狠抓人的工作质量，避免人的失误，充分发挥人的主观能动性，增强人的质量观和责任感，使每个人牢牢树立"百年大计，质量第一"的思想，认真负责地搞好本职工作，以优秀的工作质量来创造优质的工程质量。

2. 严格控制投入品的质量

这里的投入品，既包括工程施工投入的各种原材料、成品、半成品、构配件和机械设备，也包括所采用的各种不同的施工工艺和施工方法，这是构成工程质量的基础。

3. 全面控制施工过程，重点控制工序质量

任何一个工程项目都是由若干分项、分部工程所组成，而每一个分项、分部工程又是通过一道道工序来完成的，所以，可以说工程质量是在工序中创造的。对每一道工序质量都必须进行严格检查，当上一道工序质量不符合要求时，绝不允许进入下一道工序施工。这样，只要每一道工序质量都符合要求，整个工程项目的质量就能得到保证。

4. 严把检验批、分项工程质量检验评定关

在进行检验批、分项工程质量检验评定时，一定要坚持质量标准，严格检查，一切用数据说话，避免出现第一、二判断错误。

5. 贯彻"预防为主"的方针

"预防为主"，防患于未然，把质量问题消灭在萌芽状态，这是现代管理的理念。预防为主就是要加强对影响质量因素的控制，对投入品质量的控制；就是要从对质量的事后检查把关，转向对质量的事前控制、事中控制；从对产品质量的检查，转向对工作质量的检查、对工序质量的检查、对中间产品质量的检查。这些是确保施工项目质量的有效措施。

6. 严防系统性因素的质量变异

系统性因素的质量变异必然会造成不合格产品或工程质量事故，其特点是易于识别、易于消除，是可以避免的。只要我们增强质量观念，提高工作质量，精心施工，完全可以预防系统性因素引起的质量变异，把质量变异控制在偶然因素引起的范围内。

【案例一】 施工阶段影响工程质量的因素

某安装公司承接一高层住宅楼工程设备安装工程的施工任务，为了降低成本，项目经理通过关系购进廉价暖气管道，并隐瞒了工地甲方和监理人员，工程完工后，通过验收交付使用单位使用，过了保修期后的某一冬季，大批用户暖气漏水。

案例分析：

1. 影响施工项目的质量因素主要有五个方面，即 4M1E，指人、材料、机械、方法和环境，施工单位应事先对上述五方面进行控制。该工程出现质量问题的主要原因是项目经理组织使用了不合格材料，即导致质量问题的主要因素是人的错误和材料质量控制问题。

2. 人，作为控制对象，首先要避免产生错误；作为控制的动力，要充分调动人的积极性，发挥人的主导作用。

材料质量控制内容首先是严格检查验收，控制材料性能、标准与设计文件的相符性，控制材料各项技术性能指标、检验测试指标与标准要求的相符性，控制材料进场验收程序及质量文件资料的齐全程度等；其次是正确合理地使用，建立管理台账，进行收、发、储、运等各环节的技术管理，避免混料和将不合格的材料使用到工程上。

3. 本例中虽然已过保修期，但施工单位仍要对该质量问题负责。原因是：该质量问题的发生是由于施工单位采用不合格材料造成，是施工过程中造成的质量隐患，不属于保修的范围，因此不存在过了保修期的说法。

三、施工质量控制的依据

施工阶段监理工程师进行质量控制的依据，大体上有以下四类：

（一）工程施工承包合同文件

工程施工承包合同文件（包括招投标文件、中标通知书及补充文件）和委托监理合同中分别规定了参建各方在质量控制方面的权利和义务的条款，有关各方必须履行在合同中的承诺。监理单位既要履行监理合同的条款，又要监督建设单位、施工单位、设计单位和材料供应单位履行有关的质量控制条款。因此，监理工程师要熟悉这些条款，据以进行质量监督和控制。当发生质量纠纷时，及时采取措施予以解决。

（二）设计文件

"按图施工"是施工阶段质量控制的一项重要原则。因此，经过批准的设计图纸和技术说明书等设计文件是质量控制的重要依据。为此，监理单位在施工前应参加由建设单位组织的设计单位和承包单位参加的设计交底及图纸会审工作（也可以由监理单位组织），以便使相关各方了解设计意图和质量要求，达到发现图纸差错和减少质量隐患的目的。

（三）国家及政府有关部门颁布的有关质量管理方面的法律、法规性文件

它包括三个层次：第一层次是国家的法律；第二层次是部门的规章；第三个层次是地方的法律与规定。

1. 《中华人民共和国建筑法》（1997年11月1日中华人民共和国主席令第91号发布）。

2. 《建设工程质量管理条例》（2000年1月30日中华人民共和国国务院令第279号发布）。

3. 《建筑业企业资质管理规定》（2001年4月建设部发布）。

4. 《房屋建筑工程和市政基础设施工程竣工验收备案管理暂行办法》（2000年4月7日中华人民共和国建设部令第78号）。

5. 《城市建设档案管理规定》（1997年12月23日建设部令第61号发布，根据2001年7月4日建设部令第90号《建设部发布关于〈城市建设档案管理规定〉的决定》修正）。

6. 《房屋建筑工程施工旁站监理管理办法（试行）》（2002年7月17建设部发布）。

7. 《建设工程质量检测管理办法》（2005年9月28建设部发布）。

以上列举的是国家及建设行政主管部门颁发的有关质量管理方面的法规性文件。这些文件都是建设行业质量管理方面所应遵循的基本法规文件。此外，其他各行业如交通、能源、水利、冶金、化工等的行政主管部门和省、市、自治区的有关主管部门，也根据本行业、本地区的特点，制订和颁发了一些有关的法规性文件。在质量控制工作中均应遵照执行。

（四）有关质量检验与控制的专门技术标准

这类文件依据一般是针对不同行业、不同的质量控制对象而制定的专门技术法规性文件，包括各种有关的技术标准、技术规范、规程和质量方面的规定。

技术标准有国际标准（如ISO系列）、国家标准、行业标准和企业标准之分。它是建立和维护正常的生产和工作秩序应遵守的准则，也是衡量工程、设备和材料质量的尺度。如质量检验及评定标准，材料、半成品或构配件的技术检验与验收标准等。技术规程或规范，一般是执行技术标准、保证施工有序进行而为有关人员制定的行动准则，通常它们与质量的形成有密切关系，应严格遵守。例如：施工技术规程、操作规程、设备维护和检修规程、安全技术规程，以及施工质量验收规范等。各种有关质量方面的规定，一般是有关主管部门根据需要而发布的带有方针目标性的文件，它对于保证标准和规程、规范的实施和解决实际存在的问题，具有指令性和及时性的特点。此外，对于大型工程，尤其是对外承包工程和外资、外贷工程的质量监理与控制中，还会涉及国际标准和国外标准或规范，当需要采用某些国际或国外的标准或规范进行质量控制时，还需要熟悉它们。

概括说来，属于这类专门的技术法规性依据主要有以下几类：

1. 建筑工程项目施工质量验收标准

这类标准主要是由国家或国务院各部统一制定的，用以作为检验和验收工程项目质量水平所依据的技术法规性文件。例如，评定建筑工程质量验收的《建筑工程施工质量验收统一标准》（GB50300—2001）、《混凝土结构工程施工质量验收规范》（GB50204—2002）、《建筑装饰装修工程质量验收规范》（GB50210—2001）、《建筑给水排水及采暖工程施工质量验收规范》（GB50242—2002）等。对于其他行业如水利、电力、交通等工程项目的质量验收，也有与之类似的相应的质量验收标准。

2. 有关工程材料、半成品和构配件质量控制方面的专门技术法规性依据

（1）有关材料及其制品质量的技术标准。诸如水泥、木材及其制品、钢材、砖瓦、砌块、石材、石灰、砂、玻璃、陶瓷及其制品；涂料、保温及吸声材料、防水材料、塑料制品；建筑五金、电缆电线、绝缘材料以及其他材料或制品的质量标准。

（2）有关材料或半成品等的取样、试验等方面的技术标准或规程。例如：木材的物理力学试验方法总则、钢材的机械及工艺试验取样法、水泥安定性检验方法等。

（3）有关材料验收、包装、标志方面的技术标准和规定。例如，水泥的验收、包装、标志及质量证明书的一般规定；钢管的验收、包装、标志及质量证明书的一般规定等。

3. 控制施工作业活动质量的技术规程

为了保证施工作业活动质量，在操作过程中应遵照执行的技术规程，例如电焊操作规程、砌筑操作规程、混凝土施工操作规程等。

4. 凡采用新工艺、新技术、新材料的工程，事先应进行试验，并应有权威性技术部门的技术鉴定书及有关的质量数据、指标，在此基础上制定有关的质量标准和施工工艺规程，以此作为判断与控制质量的依据。

四、施工阶段质量控制手段与方法

（一）审核有关的技术文件、报告和报表

这是对工程质量进行全面监督、检查与控制的重要手段。审核的具体内容主要包括以下几个方面。

1. 审查进入施工现场的分包单位的资质证明文件，控制分包单位的质量；

2. 审批施工承包单位的开工申请书，检查、核实与控制其施工准备工作质量；

3. 审批施工承包单位提交的施工方案、质量计划、施工组织设计或施工计划，控制工程施工质量有可靠的技术措施保障；

4. 审批施工承包单位提交的有关材料、半成品和构配件质量证明文件（出厂合格证、质量检验或试验报告等），确保工程质量有可靠的物质基础；

5. 审核承包单位提交的反映工序施工质量的动态统计资料或管理图表；

6. 审核承包单位提交的有关工序产品质量的证明文件（检验记录及试验报告）、工序交接检查（自检）、隐蔽工程检查、分部分项工程质量检查报告等文件、资料，以确保和控制施工过程中的质量；

7. 审批有关工程变更、图纸修改和技术核定书等，确保设计及施工图纸的质量；

8. 审核有关应用新技术、新工艺、新材料、新结构等的技术鉴定书，审批其应用申请报告，确保新技术应用的质量；

9. 审批有关工程质量事故或质量问题的处理报告，确保质量事故或质量问题处理的质量；

10. 审核与签署现场有关的质量技术签证、文件等；

11. 检查施工承包单位的技术交底、施工日志等记录资料和文件，督促施工单位落实施工要求。

（二）指令文件与一般管理文书

指令文件是监理工程师运用指令控制权的具体形式。所谓指令文件是监理工程师对承包单位发出指示或命令的书面文件，属于要求承包单位强制性执行的文件。一般情况下是监理工程师从全局利益和总体目标出发，在对某项施工作业或管理问题，经过充分调研、沟通和决策之后，要求承包人必须严格按监理工程师的意图和主张实施的工作。对此承包人负有全面正确执行指令的责任，监理工程师负有监督指令实施的责任。因此，它是一种非常慎用而严肃的管理手段。监理工程师的各项指令都应是书面的或有文件记载方为有效，并作为技术文件存档。如因时间紧迫，来不及做出正式的书面指令，也可以用口头指令的方式下达给承包单位，但随即应按合同规定，及时补充书面文件对口头指令予以书面确认。

指令文件一般以"监理通知"的方式下达。监理指令也包括开工指令、工程暂停指令及工程复工指令等，但由于这几种指令地位特殊，在施工过程的质量控制相关章节已做了介绍。

一般管理文书，如监理工程师函、备忘录、会议纪要、发布有关信息、通报等，主要是对承包商工作状态和行为提出建议、希望和劝阻等，不属于强制性执行要求，只供承包人自主决策参考。

（三）现场监督与检查

1. 现场监督检查的内容

（1）开工前的检查。主要是检查开工前准备工作的质量，检查其能否保证正常施工及工程施工质量。也包括停工后复工前的检查，因处理质量问题或某种原因停工后需复工时，亦应经检查认可，签署意见后方能复工。

（2）工序施工中的跟踪监督、检查与控制。主要是监督、检查在工序施工过程中，人员、施工机械设备、材料、施工方法及工艺或操作以及施工环境条件等是否均处于良好状态，是否符合保证工程质量的要求，若发现问题及时纠偏和加以控制。对于重要的或对工程质量有影响的工序和工程部位，还应在现场进行施工过程的旁站监督与控制，确保使用材料及工艺过程质量。

（3）隐蔽工程检查。凡是隐蔽工程均应检查认可、签署意见后方能掩盖。

（4）成品保护检查。应检查成品有无保护措施，或保护措施是否可靠。

2. 现场监督检查的方式

（1）旁站

根据《房屋建筑工程施工旁站监理管理办法（试行）》，要求在工程施工阶段的监理工作中实行旁站监理，并明确了旁站监理的工作程序、内容及旁站人员的职责。

旁站监理是指监理人员在工程施工阶段监理中，对关键部位、关键工序的施工质量实行全过程现场跟班的监督活动。

在施工阶段，很多工程的质量问题是由于现场施工操作不当或不符合规程、标准所致。有些施工操作不符合要求的工程质量，虽然在表面上似乎影响不大，或外表上看不出来，但却隐蔽着潜在的质量隐患与危险。例如，浇筑混凝土时振捣时间不够或漏振，都会影响混凝土的密实度和强度，而只凭抽样检验并不一定能全面反映出实际情况。此外，抽样方法和取样操作如果不符合规程及标准的要求，其检验结果也同样不能反映实际情况。上述这类不符合规程或标准要求的违规施工或违章操作，只有通过监理人员的现场旁站监督与检查，才能发现问题并使其得到控制。

旁站的部位或工序要根据工程特点，也应根据承包单位内部质量管理水平及技术操作水平决定。一般而言，混凝土灌注、预应力张拉过程及压浆、基础工程中的软弱地基处理、复合地基施工（如搅拌桩、悬喷桩、粉喷桩）、路面工程的沥青拌和料摊铺、沉井过程、桩基的打桩过程、防水施工、隧道衬砌施工中超挖部分的回填、边坡喷锚打锚杆等要实施旁站。

旁站监理一般按下列程序实施：

1）监理企业制定旁站监理方案，明确旁站监理的范围、内容、程序和旁站监理人员职责，并编入监理规划中。

2）施工企业根据监理企业制定的旁站监理方案，在需要实施旁站监理的关键部位、关键工序进行施工前24小时，书面通知监理企业派驻工地现场的项目监理机构。

3）项目监理机构安排旁站监理人员按照旁站监理方案实施旁站监理。

旁站监理人员的工作内容和职责：

1）检查施工企业现场质检人员到岗、特殊工种人员上岗以及施工机械、建筑材料准备情况。

2）在现场跟班监督关键部位、关键工序的施工，执行施工方案以及工程建设强制性标准。

3）核查进场建筑材料、建筑构配件、设备和商品混凝土的质量检验报告等，并可在现场监督施工企业进行检验或者委托具有资格的第三方进行复验。

4）做好旁站监理记录和监理日记，保存旁站监理原始资料。

如果旁站监理人员或施工企业现场质检人员未在旁站监理记录上签字，则施工企业不能进行下一道工序，监理工程师或总监理工程师也不得在相应文件上签字。旁站监理人员在旁站监理时，如果发现施工企业有违反工程建设强制性标准行为的，有权制止并责令施工企业立即整改；如果发现施工企业的施工活动已经或者可能危及工程质量的，应当及时向监理工程师或总监理工程师报告，由总监理工程师下达局部暂停施工指令或者采取其他应急措施，制止危害工程质量的行为。

（2）巡视

巡视是指监理人员对正在施工的部位或工序现场进行的定期的或不定期的监督活动，巡视是一种"面"上的活动，它不限于某一部位或过程，而旁站则是"点"的活动，它是针对某一部位或工序。因此，在施工过程中，监理人员必须加强对现场的巡视、旁站监督与检查，及时发现违章操作和不按设计要求、不按施工图纸或施工规范、规程或质量标准施工的现象，对不符合质量要求的要及时进行纠正和严格控制。

（3）平行检验

监理工程师利用一定的检查或检测手段在施工承包单位自检的基础上，按照一定的比例独立检查或检测的活动。

它是监理工程师质量控制的一种重要手段，在技术复核及复验工作中采用，是监理工程师对施工质量进行验收，做出自己独立判断的重要依据之一。

（四）规定质量监控工作程序

规定双方必须遵守的质量监控工作程序，按规定的程序进行工作，这也是进行质量监控的必要手段。例如，未提交开工申请单、没得到监理工程师的审查、批准不得开工；未经监理工程师签署质量验收单并予以质量确认，不得进行下道工序；工程材料未经监理工程师批准不得在工程上使用等。

此外，还应具体规定交桩复验工作程序，设备、半成品、构配件材料进场检验工作程序，隐蔽工程验收、工序交接验收工作程序，检验批、分项、分部工程质量验收工作程序等。通过程序化管理，使监理工程师的质量控制工作得到进一步落实，做到科学、规范的管理与控制。

（五）利用支付手段

这是国际上通用的一种重要控制手段，也是建设单位或合同中赋予监理工程师的支付控制权。从根本上讲，国际上对合同条件的管理主要是采用经济手段和法律手段。因此，质量管理是以计量支付控制权为保障手段的。所谓支付控制权就是：对施工承包单位支付任何工程款项，均需由总监理工程师审核签认支付证明书，没有总监理工程师签署的支付证书，建设单位不得向承包单位支付工程款。支付工程款的条件之一就是工程质量要达到规定的要求和标准。监理工程师有权采取拒绝签署支付证书的手段，停止对承包单位支付部分或全部工程款，由此造成的损失由承包单位自己负责。显然，这是十分有效的控制和约束手段。

五、施工质量控制的工作程序

在施工阶段监理中，监理工程师的质量控制任务就是要对施工的全过程进行全方位的监督、检查与控制，不仅包括最终产品的检查、验收，而且涉及施工过程的各环节及中间产品的监督、检查与验收。一般按以下程序进行：

（1）开工条件审查（事前控制）

在每项单位工程（或重要的分部、分项工程）开始前，承包单位必须做好施工准备工作，然后填报《工程开工/复工报审表》（见表2-1），附上该项工程的开工报告、施工组织设计（施工方案），特别要注明进度计划、人员及机械设备配置、材料准备情况等，报送监理工程师审查。若审查合格，则由总监理工程师批复，准予施工。否则，承包单位应进一步做好施工准备，具备施工条件时，再次填报开工申请。

（2）施工过程中督促检查（事中控制）

在施工过程中监理工程师应督促承包单位加强内部质量管理，同时监理人员应进行现场巡视、旁站和平行检验等工作，严格控制施工作业过程按规定工艺和技术要求进行，对涉及结构安全的试块、试件以及有关材料，应按规定进行见证取样检测；对涉及结构安全和使用功能的重要分部工程，应进行抽样检测，承担见证取样及有关结构安全检测的单位应具有相应资质。每道工序完成后，承包单位应进行自检，填写相应质量验收记录表，自检合格后，填报《____报验申请表》（见表2-2），交监理工程师检验。监理工程师收到检查申请后，应在合同规定的时间内到现场检验，检验合格后予以确认。

工程开工/复工报审表

工程名称：　　　　　　　　　　　　编号：　　　　　　　　　　表2-1

致：　　　　　　　　　　　　　　　　　　　　　　（监理单位）
我方承担的_____工程，已完成了以下各项工作，具备了开工/复工条件，特此申请施工，请核查并签发开工/复工指令。 　　附：1. 开工报告 　　　　2.（证明文件） 　　　　　　　　　　　　　　　　　　　承包单位（章）_____ 　　　　　　　　　　　　　　　　　　　　项目经理_____ 　　　　　　　　　　　　　　　　　　　　日　　期_____
审查意见： 　　　　　　　　　　　　　　　　　　　项目监理机构_____ 　　　　　　　　　　　　　　　　　　　总监理工程师_____ 　　　　　　　　　　　　　　　　　　　日　　期_____

_____报验申请表

工程名称：　　　　　　　　　　　　编号：　　　　　　　　　　表2-2

致：　　　　　　　　　　　　　　　　　　　　　　（监理单位）
我单位已完成了_____工作，现报上该工程报验申请表，请予以审查和验收。 　　附件： 　　　　　　　　　　　　　　　　　　　承包单位（章）_____ 　　　　　　　　　　　　　　　　　　　　项目经理_____ 　　　　　　　　　　　　　　　　　　　　日　　期_____
审查意见： 　　　　　　　　　　　　　　　　　　　项目监理机构_____ 　　　　　　　　　　　　　　　　　　　总/专业监理工程师_____ 　　　　　　　　　　　　　　　　　　　日　　期_____

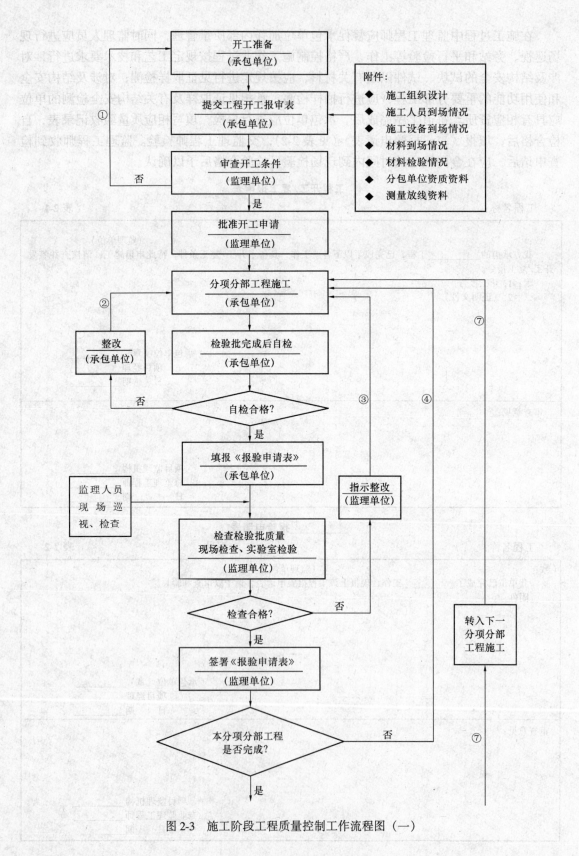

图 2-3 施工阶段工程质量控制工作流程图（一）

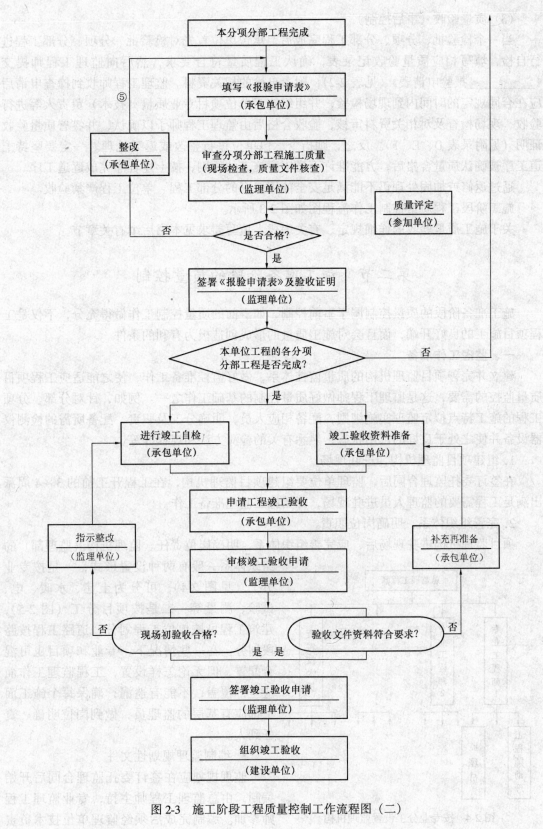

图 2-3 施工阶段工程质量控制工作流程图（二）

（3）质量验收（事后控制）

当一个检验批、分项、分部工程完成后，承包单位首先对检验批、分项、分部工程进行自检，填写相应质量验收记录表，确认工程质量符合要求，然后向监理工程师提交《_____报验申请表》（见表2-2），附上自检的相关资料。监理工程师收到检查申请后应在合同规定的时间内到现场检验，并组织施工单位项目专业质量（技术）负责人等进行验收，现场检查及对相关资料审核，验收合格后由监理工程师予以确认，并签署质量验收证明（见附录表D、E、F）。反之，则指令承包单位进行整改或返工处理。一定要坚持上道工序被确认质量合格后，方能准许下道工序施工的原则，按上述程序完成逐道工序。

通过返修或加固处理仍不能满足安全使用要求的分部工程、单位工程严禁验收。

施工阶段工程质量控制工作流程图如图2-3所示。

关于施工质量验收的详细规定、有关表式、填写要求见本书后续有关章节。

第二节 施工准备阶段的质量控制

施工准备阶段的质量控制属于事前控制，如事前的质量控制工作做得充分，不仅是工程项目施工的良好开端，而且会对施工质量的形成创造极为有利的条件。

一、监理工作准备

建立并完善项目监理机构的质量监控体系，做好监控准备工作，使之能适应工程项目质量监控的需要，这是监理工程师做好质量控制的基础工作之一。例如，针对分部、分项工程的施工特点拟定监理实施细则，配备相应人员，明确分工及职责，配备所需的检测仪器设备并使之处于良好的可用状态，熟悉有关的检测方法和规程等等。

1．组建项目监理机构，进驻现场

在签订委托监理合同后，监理单位要组建项目监理机构，在工程开工前的3~4周派出满足工程需要的监理人员进驻现场，开始施工监理准备工作。

2．完善组织体系，明确岗位职责

项目监理机构进驻现场后，应完善组织体系，明确岗位责任。监理机构（监理部）的组织体系一般有两种设置形式，一是按专业分工（见图2-4），可分为土建、水暖、电、试验、测量等；二是按项目分工（图2-5），建筑工程可按单位工程划分，道路工程按路段划分。在一些情况下，专业和项目也可混合配置，但无论怎样设置，工程监理工作面应全部覆盖，不能有遗漏，确保每个施工面上都应有基层的监理员，做到岗位明确、责任到人。

3．编制监理规划性文件

监理规划应在签订委托监理合同后开始编制，由总监理工程师主持，专业监理工程师参加。编制完成后须经监理单位技术负责

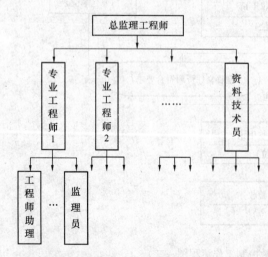

图2-4 按专业分工设置监理机构

人审核批准,并应在召开第一次工地会议前报送建设单位。监理规划的编制应针对项目实际情况,明确项目监理机构的工作目标,确定具体的监理工作制度、程序、方法和措施,并具有可操作性。

监理部进驻现场后,总监理工程师应组织专业监理工程师编制专业监理细则,编制完成后须经总监理工程师审定后执行,并报送建设单位。监理细则应写明控制目标、关键工序、重点部位、关键控制点以及控制措施等内容。

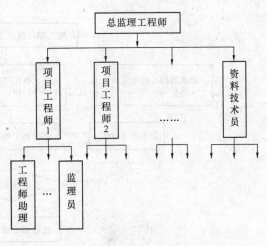

图2-5 按项目分工设置监理机构

4. 拟定监理工作流程

为使监理工作规范化,就应在开工之前编制监理工作流程。工程项目的实际情况不同,施工监理流程图也有所不同。同一类型工程,由于项目的大小、项目所处的地点、周围的环境等各种因素的不同,其监理工作流程也有所不同。施工阶段工程质量控制工作流程图参见图2-3,在此基础上,可编制局部工作质量监理工作流程图,如图2-6、图2-7分别为工程变更、技术洽商审查批复程序图和工程款支付签审程序图。

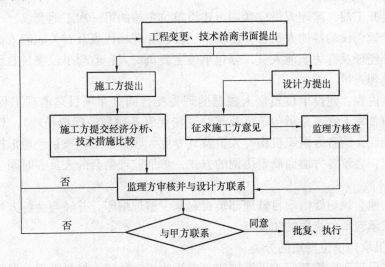

图2-6 工程变更、技术洽商审查批复程序图

5. 监理设备仪器准备

在施工开工以前应做好充分准备,有充分的办公生活设施,包括用房、办公桌椅、文件柜、通讯工具、交通工具、试验测量仪器设备等。这些装备中用房、桌椅、生活用具等应由业主提供,也可以折价由承包人提供,竣工之后归业主所有,根据监理合同检测仪器等一般由监理公司自备。

6. 熟悉监理依据,准备监理资料

开工之前总监理工程师应组织监理工程师熟悉图纸、设计文件、施工承包合同。对图

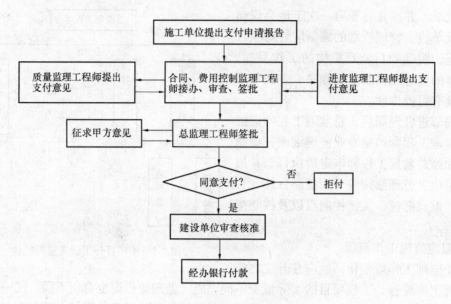

图 2-7 工程款支付签审程序图

纸中存在的问题通过建设单位向设计单位提出书面意见和建议。准备监理资料所用的各种表格、各种规范及与本工程有关的资料。

7. 参加第一次工地会议

工程项目开工前，监理人员应参加由建设单位主持的第一次工地会议。

第一次工地会议的参加人员有：建设单位授权驻现场代表及有关职能人员；总承包单位项目经理部经理及有关职能人员，分包单位主要负责人；监理单位项目监理部总监理工程师及全体监理人员。

会议主要内容：建设单位负责人根据监理委托合同宣布项目总监理工程师并向其授权；建设单位负责人宣布总承包单位及其驻现场代表（项目经理部经理）；总监理工程师与项目经理相互介绍各方组织机构、人员及其专业、职务分工；项目经理汇报施工现场施工准备的情况；会议各方协商确定协调的方式，参加监理例会的人员、时间、地点及主要议题。

第一次工地会议纪要由项目监理部负责起草、整理编印，并经与会各方代表会签。

二、施工承包单位资质的核查

（一）施工承包单位资质的分类

国务院建设行政主管部门为了维护建筑市场的正常秩序，加强管理，保障承包单位的合法权益和保证工程质量，制订了建筑业企业等级标准。承包单位必须在规定的范围内进行经营活动，且不得超范围经营。建设行政主管部门对承包单位的资质实行动态管理，建立相应的考核，资质升降及审查规定。

施工承包企业按照其承包工程能力，划分为施工总承包、专业承包和劳务分包三个序列。这三个序列按照工程性质的技术特点分别划分为若干资质类别，各资质类别按照规定的条件划分为若干等级。

1. 施工总承包企业

获得施工总承包资质的企业，可以对工程实行施工总承包或者对主体工程实行施工承包，施工总承包企业可以将承包的工程全部自行施工，也可以将非主体工程或者劳务作业分包给具有相应专业承包资质或者劳务分包资质的其他建筑业企业。施工总承包企业的资质按专业类别共分为12个资质类别，每一个资质类别又分成特级、一、二、三级。

2．专业承包企业

获得专业承包资质的企业，可以承接施工总承包企业分包的专业工程或者建设单位按照规定发包的专业工程。专业承包企业可以对所承接的工程全部自行施工，也可以将劳务作业分包给具有相应劳务分包资质的劳务分包企业。专业承包企业资质按专业类别分为60个资质类别，每一个资质类别又分为一、二、三级。

3．劳务分包企业

获得劳务分包资质的企业，可以承接施工总承包企业或者专业承包企业分包的劳务作业。劳务承包企业有13个资质类别，如土木作业、砌筑作业、钢筋作业、架线作业等。有的资质类别分成若干级，有的则不分级，如木工、砌筑、钢筋作业劳务分包企业资质分为一级、二级。油漆、架线等作业劳务分包企业则不分级。

（二）监理单位对施工承包单位资质的审查

监理单位对施工承包单位资质的审查主要是招投标阶段对承包单位资质的审查。

1．根据工程的类型、规模和特点，确定参与投标企业的资质等级，并取得招投标管理部门的认可。

2．对符合参与投标承包企业的考核

（1）查对《营业执照》及《建筑业企业资质证书》。并了解其实际的建设业绩、人员素质、管理水平、资金情况、技术设备等。

（2）考核承包企业近期的表现，查对年检情况，资质升级情况，了解其有否工程质量、施工安全、现场管理等方面的问题，企业管理的发展趋势，质量是否是上升趋势，优先选择向上发展的企业。

（3）查对近期承建工程，实地参观考核工程质量情况及现场管理水平。在全面了解的基础上，重点考核与拟建工程类型、规模和特点相似或接近的工程。优先选取创出名牌优质工程的企业。

三、施工单位现场项目经理部质量管理体系的核查

即对中标进场从事项目施工的承包企业进行质量管理体系的核查，主要内容有：

1．了解企业的质量意识，质量管理情况，重点了解企业质量管理的基础工作、工程项目管理和质量控制的情况。

2．贯彻ISO9000标准、体系建立和通过认证的情况。

3．企业领导班子的质量意识及质量管理机构落实、质量管理权限实施的情况等。

4．审查承包单位现场项目经理部的质量管理体系。

承包单位健全的质量管理体系，对于取得良好的施工效果具有重要作用，因此，监理工程师做好承包单位质量管理体系的审查，是搞好监理工作的重要环节，也是取得好的工程质量的重要条件。具体程序如下：

（1）承包单位向监理工程师报送项目经理部的质量管理体系的有关资料，包括组织机构、各项制度、管理人员、专职质检员、特种作业人员的资格证、上岗证等。

（2）监理工程师对报送的相关资料进行审核，并进行实地检查。

(3) 经审核，承包单位的质量管理体系满足工程质量管理的需要，总监理工程师予以确认；对于不合格人员，总监理工程师有权要求承包单位予以撤换，对于不健全、不完善之处有权要求承包单位尽快整改。

四、施工组织设计（质量计划）的审查

（一）质量计划与施工组织设计

质量计划是质量策划结果的一项管理文件。对工程建设而言，质量计划主要是针对特定的工程项目为完成预定的质量控制目标，编制专门规定的质量措施、资源和活动顺序的文件。其作用是，对外作为针对特定工程项目的质量保证，对内作为针对特定工程项目质量管理的依据。根据质量管理的基本原理，质量计划包含为达到质量目标、质量要求的计划、实施、检查及处理这四个环节的相关内容，即 PDCA 循环过程。具体而言，质量计划应包括下列内容：编制依据；项目概况；质量目标；组织机构；质量控制及管理组织协调的系统描述；必要的质量控制手段；检验和试验程序等；确定关键过程和特殊过程及作业的指导书；与施工过程相适应的检验、试验、测量、验证要求；更改和完善质量计划的程序等。

国外工程项目中，承包单位要提交施工计划及质量计划。施工计划是承包单位进行施工的依据，包括施工方法、工序流程、进度安排、施工管理及安全对策、环保对策等。

在我国现行的施工管理中，施工承包单位要针对每一特定工程项目进行施工组织设计，以此作为施工准备和施工全过程的指导性文件。为确保工程质量，承包单位在施工组织设计中包括质量目标、质量管理及质量保证措施等质量计划的内容。

质量计划与现行施工管理中的施工组织设计有相同的地方，又存在着差别：

(1) 对象相同。质量计划和施工组织设计都是针对某一特定工程项目而提出的。

(2) 形式相同。二者均为文件形式。

(3) 作用既相同又存在区别。投标时，投标单位向建设单位提供的施工组织设计或质量计划的作用是相同的，都是对建设单位作出工程项目质量管理的承诺；施工期间承包单位编制的详细的施工组织设计仅供内部使用，用于具体指导工程项目的施工，而质量计划的主要作用是向建设单位作出保证。

(4) 编制的原理不同。质量计划的编制是以质量管理标准为基础的，从质量职能上对影响工程质量的各环节进行控制；而施工组织设计则是从施工部署的角度，着重于技术质量形成规律来编制全面施工管理的计划文件。

(5) 在内容上各有侧重点。质量计划的内容按其功能包括：质量目标、组织结构和人员培训、采购、过程质量控制的手段和方法；而施工组织设计是建立在对这些手段和方法结合工程特点具体而灵活运用的基础上。

（二）施工组织设计的审查程序

工程项目开工之前，总监理工程师应组织专业监理工程师审查承包单位编制的《施工组织设计（方案）》并提出审查意见，再经总监理工程师审核、签认后报建设单位。施工组织设计已包括了质量计划的主要内容，因此，监理工程师对施工组织设计的审查也同时包括了对质量计划的审查。具体审查程序如下：

1. 在工程项目开工前约定的时间内，承包单位必须完成施工组织设计的编制及内部自审批准工作，填写《施工组织设计（方案）报审表》（见表 2-3），报送项目监理机构审

定。

2. 总监理工程师在约定的时间内，组织专业监理工程师审查，提出意见后，由总监理工程师审核签认。需要承包单位修改时，由总监理工程师签发书面意见，退回承包单位修改后再报审，总监理工程师重新审查。

3. 已审定的施工组织设计由项目监理机构报送建设单位。

4. 承包单位应按审定的施工组织设计文件组织施工。如需对其内容做较大的变更，应在实施前将变更内容书面报送项目监理机构审核。

5. 对于规模大、结构复杂或属新结构、特种结构的工程，项目监理机构对施工组织设计审查后，还应报送监理单位技术负责人审查，提出审查意见后由总监理工程师签发，必要时与建设单位协商，组织有关专业部门和有关专家会审。

6. 规模大，工艺复杂的工程、群体工程或分期出图的工程，经总监理工程师批准可分阶段报审施工组织设计；技术复杂或采用新技术的分部、分项工程，承包单位还应编制该分部、分项工程的专项施工方案，报项目监理机构审查。

施工组织设计（方案）报审表

工程名称：　　　　　　　　　　　　　　编号：　　　**表 2-3**

致：　　　　　　　　　　　　　　　　　　　　　　　　（监理单位） 　　我方已根据施工合同的有关规定完成了_____工程施工组织设计（方案）的编制，并经我单位上级技术负责人审查批准，请予以审查。 　　附：施工组织设计（方案） 　　　　　　　　　　　　　　　　　　　承包单位（章）_____ 　　　　　　　　　　　　　　　　　　　　项目经理_____ 　　　　　　　　　　　　　　　　　　　　日　　期_____	
专业监理工程师审查意见： 　　　　　　　　　　　　　　　　　　　专业监理工程师_____ 　　　　　　　　　　　　　　　　　　　　日　　期_____	
总监理工程师审查意见： 　　　　　　　　　　　　　　　　　　　项目监理机构_____ 　　　　　　　　　　　　　　　　　　　总监理工程师_____ 　　　　　　　　　　　　　　　　　　　　日　　期_____	

（三）审查施工组织设计时应掌握的原则

1. 施工组织设计的编制、审查和批准应符合规定的程序。

2. 施工组织设计应符合国家的技术政策，充分考虑承包合同规定的条件、施工现场条件及法规条件的要求，突出"质量第一、安全第一"的原则。

3. 施工组织设计的针对性：承包单位是否了解并掌握了本工程的特点及难点，施工条件分析是否充分。

4. 施工组织设计的可操作性：承包单位是否有能力执行并保证工期和质量目标；该施工组织设计是否切实可行。

5. 技术方案的先进性：施工组织设计采用的技术方案和措施是否先进适用，技术是否成熟。

6. 质量管理和技术管理体系、质量保证措施是否健全且切实可行。

7. 安全、环保、消防和文明施工措施是否切实可行并符合有关规定。

8. 在满足合同和法规要求的前提下，对施工组织设计的审查，应尊重承包单位的自主技术决策和管理决策。

（四）施工组织设计审查的注意事项

1. 在施工顺序上应符合先地下、后地上；先土建、后设备；先主体、后围护的基本规律。所谓先地下、后地上是指地上工程开工前，应尽量把管道、线路等地下设施和土方与基础工程完成，以避免干扰，造成浪费、影响质量。此外，施工流向要合理，即平面和立面上都要考虑施工的质量保证与安全保证，考虑使用的先后和区段的划分，与材料、构配件的运输不发生冲突等。

2. 施工方案与施工进度计划的一致性。施工进度计划的编制应以确定的施工方案为依据，正确体现施工的总体部署、流向顺序及工艺关系等。

3. 施工方案与施工平面图布置的协调一致。施工平面图的静态布置内容，如临时施工供水供电供热、供气管道、施工道路、临时办公房屋、物资仓库等，以及动态布置内容，如施工材料模板、工具器具等，应做到布置有序，有利于各阶段施工方案的实施。

（五）审查主要分部（分项）工程施工方案

1. 对于某些重要的分部（分项）工程，项目监理部可规定在施工前一定时间内承包单位将施工工艺、原材料使用、劳动力配置、质量保证措施等情况编写专项施工方案，填《施工组织设计（方案）报审表》，报项目监理部审定，否则不得进行该部分施工。

2. 承包单位应将季节性的施工方案（冬施、雨施等），提前填写《施工组织设计（方案）报审表》，报项目监理部审定后实施。

五、现场施工准备的质量控制

（一）审查承包单位的现场项目质量管理体系、技术管理体系和质量保证体系

对质量管理体系、技术管理体系和质量保证体系应审核以下内容：

1. 质量管理、技术管理和质量保证的组织机构；

2. 质量管理、技术管理制度；

3. 专职人员和特种作业人员的资格证、上岗证。

审查由总监理工程师组织进行。

（二）工程定位及标高基准控制

工程施工测量放线是建设工程产品由设计转化为实物的第一步，施工测量的质量好坏，直接影响工程产品的综合质量，并且制约着施工过程中有关工序的质量。例如，测量控制基准点或标高有误，会导致建筑物或结构的位置或高程出现差误，从而影响整体质量；又如长隧道采用两端或多端同时掘进时，若洞的中心线测量失准发生较大偏差，则会造成不能准确对接的质量问题；永久设备的基础预埋件定位测量失准，则会造成设备难以正确安装的质量问题等。因此，工程测量控制可以说是施工中事前质量控制的一项基础工作。它是施工准备阶段的一项重要内容。监理工程师应将其作为保证工程质量的一项重要的内容，在监理工作中，应由测量专业监理工程师负责工程测量的复核控制工作。

专业监理工程师应按以下要求对承包单位报送的测量放线成果及保护措施进行检查，符合要求时，专业监理工程师对承包单位报送的施工测量成果报验申请予以签认：①检查承包单位专职测量人员的岗位证书及测量设备检定证书；②复核控制桩的校核成果、控制桩的保护措施以及平面控制网、高程控制网和临时水准点的测量成果。施工测量成果报验申请表见表2-2。

1. 交桩和定位放线检查

监理工程师应要求施工承包单位，对建设单位（或其委托的单位）给定的原始基准点、基准线和标高等测量控制点进行复核，并将复测结果报监理工程师审核，经批准后施工承包单位才能据以进行准确的测量放线，建立施工测量控制网，并应对其正确性负责，同时做好基桩的保护。施工定位放线成果经监理验收，认可签字后，方可进行下一步施工。

2. 复测施工测量控制网

在工程总平面图上，各种建筑物或构筑物的平面位置是用施工坐标系统的坐标来表示的。复测施工测量控制网时，应查验施工控制网的平面图与高程控制点、查验施工轴线控制桩位置、查验轴线位置、高程控制标志、核查垂直度控制。施工测量控制网的初始坐标和方向，一般是根据测量控制点测定的，测定好建筑物的长向主轴线即可作为施工平面控制网的初始方向，以后在控制网加密或建筑物定位时，即不再用控制点定向，以免使建筑物发生不同的位移及偏转。

（三）施工平面布置的控制

为了保证承包单位能够顺利地施工，监理工程师应督促建设单位按照合同约定并结合承包单位施工的需要，事先划定现场施工场地的范围并及时提供给承包单位占有和使用。如果在现场的某一区域内需要不同的施工承包单位同时或先后施工、使用，就应根据施工总进度计划的安排，规定他们各自占用的时间和先后顺序，并在施工总平面图中详细注明各工作区的位置及占用顺序，监理工程师要检查施工现场总体布置是否合理，是否有利于保证施工正常、顺利地进行，是否有利于保证质量，特别是要对场区的道路、消防、防洪排水、器材存放、给水及供电、混凝土供应及主要垂直运输机械设备布置等方面予以重视。

（四）材料构配件采购订货的控制

工程中所需的原材料、半成品、构配件等都将成为工程的组成部分。其质量的好坏直接影响到建筑产品的质量，因此事先对其质量进行严格控制很有必要。

1. 凡由承包单位负责采购的原材料、半成品或构配件，在采购订货前应向监理工程师申报；对于重要的材料，还应提交样品，供试验或鉴定使用，有些材料则要求供货单位提交理化试验单（如预应力钢筋的硫、磷含量等），经监理工程师审查认可后，方可进行订货采购。

2. 对于半成品或构配件，应按经过审批认可的设计文件和图纸要求采购订货，质量应满足有关标准和设计的要求，交货期应满足施工及安装进度安排的需要。

3. 供货厂家是制造材料、半成品、构配件的主体，所以通过考查优选合格的供货厂家，是保证采购、订货质量的前提。为此，大宗的器材或材料的采购应当实行招标采购的方式。

4. 对于半成品和构配件的采购订货，监理工程师应提出明确的质量要求，质量检测项目及标准、出厂合格证或产品说明书等质量文件的要求，以及是否需要权威性的质量认证等。

5. 某些材料，诸如瓷砖等装饰材料，订货时最好一次订齐和备足货源，以免由于分批而出现色泽不一的质量问题。

6. 供货厂方应向需方（订货方）提供质量文件，用以表明其提供的货物能够完全达到需方提出的质量要求。此外，质量文件也是承包单位（当承包单位负责采购时）将来在工程竣工时应提供的竣工文件的一个组成部分，用以证明工程项目所用的材料或构配件等的质量符合要求。

质量文件主要包括：产品合格证及技术说明书；质量检验证明；检测与试验者的资格证明；关键工序操作人员资格证明及操作记录（例如大型预应力构件的张拉应力工艺操作记录）；不合格品或质量问题处理的说明及证明；有关图纸及技术资料；必要时，还应附有权威性认证资料。

（五）施工机械配置的控制

施工机械设备是影响施工质量的重要因素。除应检测其技术性能、工作效率、工作质量、安全性能外，还应考虑其数量配置对施工质量的影响与保证条件。例如，为保证混凝土连续浇筑，应配备有足够的搅拌机和运输设备；在一些城市建筑施工中，有防止噪声的限制，必须采用静力压桩等等。此外，要注意设备型式应与施工对象的特点及施工质量要求相适应。例如，对于黏性土的压实，可以采用羊足碾进行分层碾压；但对于砂性土的压实则宜采用振动压实机等类型的机械。在选择机械性能参数方面，也要与施工对象特点及质量要求相适应。例如选择起重机械进行吊装施工时，其起重量、起重高度及起重半径均应满足吊装要求。

1. 监理工程师应审查所需的施工机械设备，是否按已批准的计划备妥；审查施工现场主要设备的规格、型号是否符合施工组织设计或施工计划的要求。所准备的施工机械设备是否都处于完好的可用状态等等。对于与批准的计划中所列施工机械不一致，或机械设备的类型、规格、性能不能保证施工质量者，以及维护修理不良，不能保证良好的可用状态者，都不准使用。

2. 监理工程师应审查施工机械设备的数量是否足够。例如在大规模的混凝土灌筑时，是否有备用的混凝土搅拌机和振捣设备，以防止由于机械发生故障，使混凝土浇筑工作中断等。

3. 对需要定期检定的设备应检查承包单位提供的检定证明。例如测量仪器、检测仪器、磅称等应按规定进行定期检定。

(六) 分包单位资质的审核确认

保证分包单位的质量,是保证工程施工质量的一个重要环节和前提。因此,监理工程师应对分包单位资质进行严格控制。

1. 承包单位提交《分包单位资质报审表》

总承包单位选定分包单位后,应向监理工程师提交《分包单位资质报审表》(见表 2-4),其内容一般应包括以下几方面:

(1) 关于拟分包工程的情况。说明拟分包工程名称(部位)、工程数量、拟分包合同额,分包工程占全部工程额的比例;

(2) 关于分包单位的基本情况。包括:该分包单位的企业简介,资质资料,技术实力,企业过去的工程经验与业绩,企业的财务资本状况,施工人员的技术素质的条件等;

(3) 协议草案。包括总承包单位与分包单位之间责、权、利,分包项目的施工工艺,分包单位设备和到场时间、材料供应;总单位的管理责任等。

分包单位资格报审表

工程名称:　　　　　　　　　　　　　　　编号:　　　　　　　　**表 2-4**

致:　　　　　　　　　　　　　　　　　　　　　　　　(监理单位)

经考察,我方认为拟选择的_____(分包单位)具有承担下列工程的施工资质和施工能力,可以保证本工程项目按合同的规定进行施工。分包后,我方仍承担总包单位的全部责任。请予以审查和批准。

附:1. 分包单位资质材料
　　2. 分包单位业绩材料

分包工程名称(部位)	工程数量	拟分包工程合同额	分包工程占全部工程
合　　计			

承包单位(章)_____
项目经理_____
日　　期_____

专业监理工程师审查意见:

专业监理工程师_____
日　　期_____

总监理工程师审查意见:

项目监理机构_____
总监理工程师_____
日　　期_____

2. 监理工程师审查总承包单位提交的《分包单位资质报审表》

审查时，主要是审查施工承包合同是否允许分包，分包的范围和工程部位是否可进行分包，分包单位是否具有按工程承包合同规定的条件完成分包工程任务的能力。如果认为该分包单位不具备分包条件，则不予批准。若监理工程师认为该分包单位基本具备分包条件，则应在进一步调查后由总监理工程师予以书面确认。

审查主要内容如下：

(1) 审查分包单位的营业执照、企业资质等级证书、特殊行业施工许可证、国外（境外）企业在国内承包工程许可证等；

(2) 审查分包单位的业绩；

(3) 审查拟分包工程的内容与范围；

(4) 审查专职人员和特种作业人员的资格证、上岗证，如质量员、安全员、资料员、电工、电焊工、塔吊驾驶员等。

总承包单位收到监理工程师的批准通知后，应尽快与分包单位签订分包协议，并将协议副本报送监理工程师备案。

(七) 设计交底与施工图纸的现场核对

施工阶段，设计文件是监理工作的依据。因此，监理工程师应认真参加由建设单位主持的设计交底工作，以便更加透彻地了解设计意图及质量要求；同时，要督促承包单位认真做好图纸审核及核对工作，对于审图过程中发现的问题，及时以书面形式报告给建设单位。

1. 监理工程师参加设计交底应着重了解的内容

(1) 建设单位对本工程的要求，施工现场的自然条件、工程地质与水文地质条件等；

(2) 设计主导思想、建筑艺术要求与构思、使用的设计规范、抗震烈度确定、基础设计、主体结构设计、装修设计、设备设计（设备选型）等，工业建筑应包括工艺流程与设备选型；

(3) 对基础、结构及装修施工的要求，对建材的要求，对使用新技术、新工艺、新材料的要求，对建筑与工艺之间配合的要求以及施工中的注意事项等；

(4) 设计单位对监理单位和承包单位提出的施工图纸中的问题的答复。

设计交底应形成会议纪要，会后由承包单位负责整理，总监理工程师签认。

2. 施工图纸的现场核对

施工图是工程施工的直接依据，为了使施工承包单位充分了解工程特点、设计要求，减少图纸的差错，减少施工过程中的工程变更，确保工程质量，监理工程师应要求施工承包单位做好施工图的现场核对工作。

施工图纸现场核对主要包括以下几个方面：

(1) 施工图纸合法性的认定：施工图纸是否经设计单位正式签署，是否按规定经有关部门审核批准，是否得到建设单位的同意。

(2) 图纸与说明书是否齐全。如分期出图，图纸供应是否能满足施工要求。

(3) 地下构筑物、障碍物、管线是否探明并标注清楚。

(4) 图纸中有无遗漏、差错、相互矛盾之处（例如：漏画螺栓孔、漏列钢筋明细表、尺寸标注有错误、平面图与相应的剖面图相同部位的标高不一致；工艺管道、电气线路、设备装置等是否相互干扰、矛盾等)。图纸的表示方法是否清楚和符合标准（例如：对预埋件、预留孔的表示以及钢筋构造要求是否清楚）等等。

(5) 地质及水文地质等基础资料是否充分、可靠，地形、地貌与现场实际情况是否相符。

(6) 所需材料的来源有无保证，能否替代；新材料、新技术的采用有无问题。

(7) 所提出的施工工艺、方法是否合理，是否切合实际，是否存在不便于施工之处，能否保证质量要求。

(8) 施工图或说明书中所涉及的各种标准、图册、规范、规程等，承包单位是否具备。

对于存在的问题，要求承包单位以书面形式提出，在设计单位以书面形式进行解释或确认后，才能进行施工。

(八) 严把开工关

即审查现场开工条件，签发开工报告。

监理工程师应审查承包单位报送的工程开工报审表及相关资料，具备开工条件时，由总监理工程师签发，并报建设单位。同时，在总监理工程师向承包单位发出开工通知书时，建设单位应及时按计划保质保量地提供承包单位所需的场地和施工通道以及水、电供应等条件，以保证及时开工，防止承担补偿工期和费用损失的责任。为此，监理工程师应事先检查工程施工所需的场地征用以及道路和水、电是否开通，否则，应督促建设单位努力实现。

开工条件：

1. 施工许可证已获政府主管部门批准；
2. 征地拆迁工作能满足工程进度的需要；
3. 施工组织设计已获总监理工程师批准；
4. 承包单位现场管理人员已到位，机具、施工人员已进场，主要工程材料已落实；
5. 进场道路及水、电、通信已满足开工条件。

总监理工程师对于与拟开工工程有关的现场各项施工准备工作进行检查并认为合格后，方可发布书面的开工指令。对于已停工程，则需有总监理工程师的复工指令始能复工。对于合同中所列工程及工程变更的项目，开工前承包单位必须提交《工程开工报审表》，经监理工程师审查，前述各方面条件具备并由总监理工程师批准后，承包单位才能正式开始施工。

第三节 施工过程质量控制

施工过程体现在一系列的作业活动中，作业活动的效果将直接影响到施工过程的施工质量。因此，监理工程师质量控制工作应体现在对作业活动的控制上。

为确保施工质量，监理工程师要对施工过程进行全过程全方位的质量监督、控制与检查。就整个施工过程而言，可按事前、事中、事后进行控制。就一个具体作业而言，监理工程师控制管理仍涉及到事前、事中及事后。监理工程师的质量控制主要围绕影响工程施工质量的因素进行。

一、作业技术准备状态的控制

所谓作业技术准备状态，是指各项施工准备工作在正式开展作业技术活动前，是否按预先计划的安排落实到位的状况，包括配置的人员、材料、机具、场所环境、通风、照明、安全设施等等。做好作业技术准备状况的检查，有利于实际施工条件的落实，避免计划与实际两张皮，承诺与行动相脱离，在准备工作不到位的情况下冒然施工。

作业技术准备状态的控制，应着重抓好以下环节的工作：

（一）质量控制点的设置

1. 质量控制点的概念

质量控制点是施工质量控制的重点，凡是关键技术、重要部位、薄弱环节、控制难度大、影响大、经验欠缺的施工内容以及新材料、新技术、新工艺、新设备等，均可列为质量控制点，实施重点控制。质量控制人员在分析项目的特点之后，针对所列出的质量控制点，分析影响质量的原因，并提出相应的措施，作为重点进行预控。

在国际上质量控制点又根据其重要程度分为见证点（Witness Point）、停止点（Hold Point）和旁站点（Standing-bysupervisor Point）。

见证点（或截留点）监督也称为 W 点监督。凡是列为见证点的质量控制对象，在规定的关键工序（控制点）施工前，施工单位应提前通知监理人员在约定的时间内到现场进行见证和对其施工实施监督。如果监理人员未能在约定的时间内到现场见证和监督，则施工单位有权进行该 W 点相应的工序操作和施工。工程施工过程中的见证取样和重要的试验等应作为见证点来处理。监理工程师收到通知后，应按规定的时间到现场见证，对该质量控制点的实施过程进行认真的监督、检查，并在见证表上详细记录该项工作所在的建筑物部位、工作内容、数量、质量等，然后签字，作为凭证。如果监理人员在规定的时间未能到场见证，施工单位可以认为已获监理工程师认可，有权进行该项施工。

停止点也称为"待检点"或 H 点监督，是其重要性高于见证点的质量控制点。是指那些施工过程或工序施工质量不易或不能通过事后的检验和试验而充分得到验证的"特殊工序"。凡列为停止点的控制对象，要求必须在规定的控制点到来之前通知监理人员对控制点实施监控，如果监理人员未在约定的时间到现场监督、检查，施工单位应停止进入该 H 点相应的工序，并按合同规定等待监理人员，未经认可不能越过该点继续活动。所有的隐蔽工程验收点都是停止点。另外，某些重要的工序如预应力钢筋混凝土结构或构件的预应力张拉工序；某些重要的钢筋混凝土结构在钢筋架立后，混凝土浇筑之前；重要建筑物或结构物的定位放线后；重要的重型设备基础预埋螺栓的定位等均可设置停止点。

旁站点也称为 S 点监督，是指监理人员在房屋建筑工程施工阶段监理中，对关键部位、关键工序的施工质量实施全过程现场跟班的监督活动，如混凝土灌注，回填土等工序。

承包单位在工程施工前应根据施工过程质量控制的要求，列出质量控制点明细表，表中详细地列出各质量控制点的名称或控制内容、检验标准及方法等，提交监理工程师审查批准后，在此基础上实施质量预控。

2. 选择质量控制点的一般原则

可作为质量控制点的对象涉及面广，它可能是技术要求高、施工难度大的结构部位，也可能是影响质量的关键工序、操作或某一环节。总之，不论是结构部位、影响质量的关键工序、操作、施工顺序、技术、材料、机械、自然条件、施工环境等均可做为质量控制点来控制。概括地说，应当选择那些保证质量难度大的、对质量影响大的或者是发生质量问题时危害大的对象作为质量控制点。具体讲：

（1）施工过程中的关键工序或环节以及隐蔽工程，如预应力张拉工序、钢筋混凝土结构中的钢筋绑扎工序；

（2）施工中的薄弱环节或质量不稳定的工序、部位或对象，例如地下防水工程、屋面与卫生间防水工程；

质量控制点的设置位置表　　　　　　　　　　　表 2-5

分项工程	质 量 控 制 点
工程测量定位	标准轴线桩、水平桩、龙门板、定位轴线、标高
地基、基础（含设备基础）	基坑（槽）尺寸、标高、土质、地基承载力，基础垫层标高，基础位置、尺寸、标高，预留孔洞、预埋件的位置、规格、数量，基础标高、杯底弹线
砌　体	砌体轴线，皮数杆，砂浆配合比，预留孔洞、预埋件位置、数量，砌块排列
模　板	位置、尺寸、标高，预埋件位置，预留孔洞尺寸、位置，模板强度及稳定性，模板内部清理及润湿情况
钢筋混凝土	水泥品种、强度等级，砂石质量，混凝土配合比，外加剂比例，混凝土振捣，钢筋品种、规格、尺寸、搭接长度，钢筋焊接，预留孔洞及预埋件规格、数量、尺寸、位置，预制构件吊装或出场（脱模）强度，吊装位置、标高、支撑长度、焊缝长度
吊　装	吊装设备起重能力、吊具、索具、地锚
钢 结 构	翻样图、放大样
焊　接	焊接条件、焊接工艺
装　修	视具体情况而定

（3）对后续工程施工或对后续工序质量或安全有重大影响的工序、部位或对象，例如预应力结构中的预应力钢筋质量、模板的支撑与固定等；

（4）采用新技术、新工艺、新材料的部位或环节；

（5）施工上无足够把握的、施工条件困难的或技术难度大的工序或环节，例如复杂曲线模板的放样等。

显然，是否设置为质量控制点，主要是视其对质量特性影响的大小、危害程度以及其质量保证的难度大小而定。表 2-5 是质量控制点的一般位置示例。

3．质量控制点的设置

设置质量控制点是保证达到施工质量要求的必要前提。在工程开工前，监理工程师就明确提出要求，要求承包单位在工程施工前根据施工过程质量控制的要求，列出质量控制点明细表，表中详细地列出各质量控制点的名称或控制内容、检验标准及方法等，提交监理工程师审查批准后，在此基础上实施质量预控。监理工程师在拟定质量控制工作计划时，应予以详细地考虑，并以制度来保证落实。

表 2-6 是质量控制点表式。在工程开工前，由专业监理工程师组织承包单位编制，并由总监理工程师批准后执行。

××工程质量控制点								表 2-6
工程编号				工程名称	质量控制点			质量验收标准及方法
分部	子分部	分项	检验批		W点	H点	S点	

4. 做为质量控制点重点控制的对象

影响工程施工质量的因素有许多种，对质量控制点的控制应重点控制以下方面：

(1) 人的行为。某些工序或操作重点应控制人的行为。如对高空、水下、危险作业等，对人的身体素质或心理素质应有相应的要求；对技术难度大或精度要求高的作业，如复杂模板放样、精密的设备安装应对人的技术水平均有相应的要求。对人的行为控制除了从人的生理缺陷、心理活动、技术能力、思想素质等方面进行全面考核外，事前还必须反复交底，提醒注意事项，以免产生错误行为和违纪违章现象。

(2) 物的状态。某些工序或操作中，应以物的状态作为控制重点。组成工程的材料性能、施工机械或测量仪器往往是直接影响工程质量和安全的主要因素，应予以严格控制。

(3) 关键的操作。如预应力钢筋的张拉工艺操作过程及张拉力的控制，是可靠地建立预应力值和保证预应力构件质量的关键过程。

(4) 技术参数。例如对回填地基进行压实时，填料的含水量、虚铺厚度与碾压遍数等参数是保证填方质量的关键。

(5) 施工顺序。对于某些工作必须严格作业之间的顺序，例如，对于冷拉钢筋应当先对焊、后冷拉，否则会失去冷加工强化效果；对于屋架固定一般应采取对角同时施焊，以免焊接应力使已校正的屋架发生变位等。

(6) 技术间歇。有些作业之间需要有必要的技术间歇时间，例如砖墙砌筑后与抹灰工序之间，以及抹灰与粉刷或喷涂之间，均应保证有足够的间歇时间；混凝土浇筑后至拆模之间也应保持一定的间歇时间等。

(7) 新工艺、新技术、新材料的应用。由于缺乏经验，施工时可做为重点进行严格控制。

(8) 易发生质量通病的工序。例如防水层的铺设、管道接头的渗漏等。

(9) 易对工程质量产生重大影响的施工方法。如液压滑模施工中的支承杆失稳问题、升板法施工中提升差的控制等，都是一旦施工不当或控制不严，即可能引起重大质量事故问题，也应做为质量控制的重点。

(10) 特殊地基或特种结构。如湿陷性黄土、膨胀土等特殊土地基的处理、大跨度和超高结构等难度大的施工环节和重要部位等都应予以特别重视。

总之，质量控制点的选择要准确、有效。为此，一方面需要有经验的工程技术人员来进行选择，另一方面也要集思广议，集中群体智慧由有关人员充分讨论，在此基础上进行选择。选择时要根据对需要的质量特性进行重点控制的要求，选择质量控制的重点部位、重点工序和重点的质量因素作为质量控制点，进行重点控制和预控，这是进行质量控制的有效方法。

5. 质量预控对策的检查

所谓工程质量预控，就是针对所设置的质量控制点或分部、分项工程，事先分析施工中可能发生的质量问题和隐患，分析可能产生的原因，并提出相应的对策，采取有效的措施进行预先控制，以防在施工中发生质量问题。

质量预控及对策的表达方式主要有：①文字表达；②用表格形式表达；③解析图形式表达。下面举例说明。

(1) 钢筋焊接质量的预控——文字表达

列出可能产生的质量问题，以及拟定的质量预控措施。

1) 可能产生的质量问题：焊接接头偏心弯折；焊条型号或规格不符合要求；焊缝的长、宽、厚度不符合要求；凹陷、焊瘤、裂纹、烧伤、咬边、气孔、夹渣等缺陷。

2) 质量预控措施：根据对焊接钢筋质量上可能产生的质量问题的估计，分析产生上述电焊质量问题的重要原因，不外乎两个方面：一是施焊人员技术不良；二是焊条质量不符合要求。监理工程师可以有针对性地提出质量预控的措施如下：①检查焊接人员有无上岗合格证明，禁止无证上岗；②焊工正式施焊前，必须按规定进行焊接工艺试验；③每批钢筋焊完后，承包单位自检并按规定对焊接接头见证取样进行力学性能试验；④在检查焊接质量时，应同时抽检焊条的型号。

(2) 混凝土灌注桩质量预控——用表格形式表达

用简表形式分析其在施工中可能发生的主要质量问题和隐患，并针对各种可能发生的质量问题，提出相应的预控措施，如表 2-7 所示。

混凝土灌注桩质量预控表　　　　　表 2-7

可能发生的质量问题	质量预控措施
孔料	督促承包单位在钻孔前对钻机认真整平
混凝土强度达不到要求	随时抽查原料质量；混凝土配合比经监理工程师审批确认；评定混凝土强度；按月向监理报送评定结果
缩劲、堵管	督促承包单位每桩测定混凝土坍落度 2 次，每 30～50cm 测定一次混凝土浇筑高度，随时处理
断桩	准备足够数量的混凝土供应机械（搅拌机等），保证连续不断的灌注
钢筋笼上浮	掌握泥浆比重和灌注速度，灌注前做好钢筋笼的固定

(3) 混凝土工程质量预控及质量对策——用解析图的形式表示

用解析图的形式表示质量预控及措施对策是用两份图表表达的：

1) 工程质量预控图。在该图中间按该分部工程的施工各阶段划分，即从准备工作至完工后质量验收与中间检查以及最后的资料整理；右侧列出各阶段所需进行的与质量控制有关的技术工作，用框图的方式分别与工作阶段相连接；左侧列出各阶段所需进行的质量控制有关管理工作要求。图 2-8 为一混凝土工程的质量预控图。

2) 质量控制对策图。该图分为两部分，一部分是列出某一分部分项工程中各种影响质量的因素；另一部分是列出对应于各种质量问题影响因素所采取的对策或措施。图 2-9 为一混凝土工程的质量对策图。

图 2-8 混凝土工程的质量预控图

（二）作业技术交底的控制

承包单位做好技术交底，是取得好的施工质量的条件之一。为此，每一分项工程开始实施前均要进行交底。作业技术交底是对施工组织设计或施工方案的具体化，是更细致、明确、更加具体的技术实施方案，是工序施工或分项工程施工的具体指导文件。为做好技术交底，项目经理部必须由主管技术人员编制技术交底书，并经项目总工程师批准。技术交底的内容包括施工方法、质量要求和验收标准，施工过程中需注意的问题，可能出现意外的措施及应急方案。技术交底要紧紧围绕和具体施工有关的操作者、机械设备、使用的材料、构配件、工艺、方法、施工环境、具体管理措施等方面进行，交底中要明确做什么、谁来做、如何做、作业标准和要求、什么时间完成等。

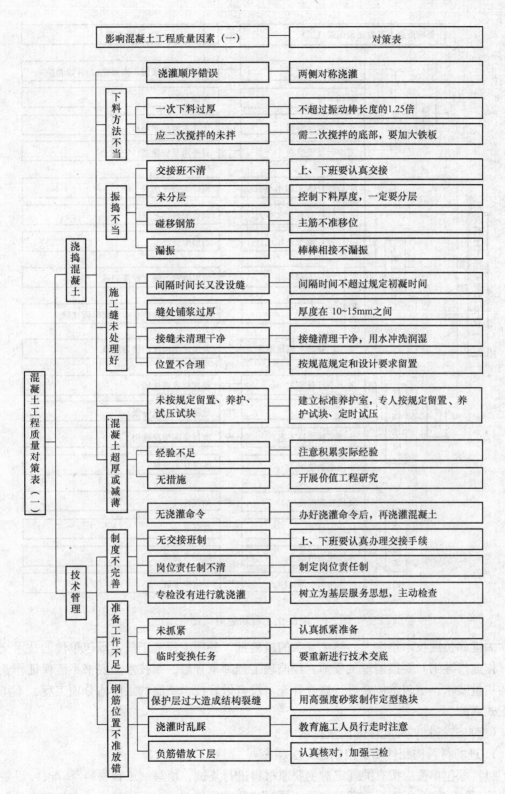

图 2-9 混凝土工程质量对策图（一）

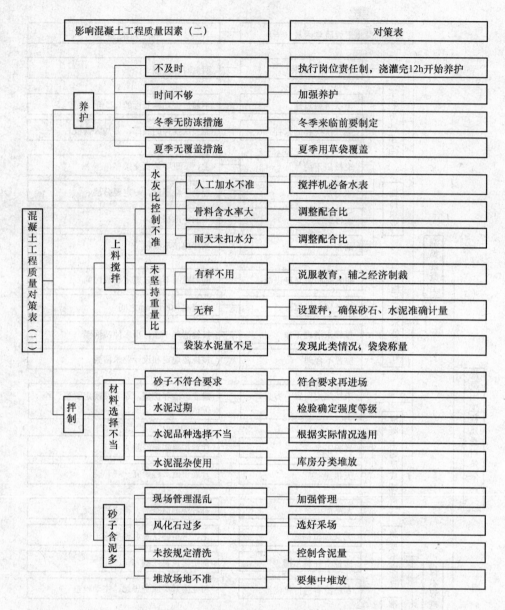

图 2-9 混凝土工程质量对策图（二）

关键部位或技术难度大、施工复杂的检验批，分项工程施工前，承包单位的技术交底书（作业指导书）要报监理工程师。经监理工程师审查后，如技术交底书不能保证作业活动的质量要求，承包单位要进行修改补充。没有做好技术交底的工序或分项工程，不得进入正式实施。

（三）进场材料构配件的质量控制

1. 进场材料构配件质量控制的方法程序

（1）承包单位应按有关规定对主要原材料进行复试，填写《工程材料/构配件/设备报审表》（见表 2-8）报项目监理部签认，同时应附数量清单、出厂质量证明文件和自检结果作为附件，对新材料、新产品要核查鉴定证明和确认文件。经监理工程师审查并确认其质量合格后，方准进场。凡是没有产品出厂合格证明及检验不合格者，不得进场。如果监理工程师认为承包单位提交的有关产品合格证明的文件以及施工承包单位提交的检验与试验报告，仍不足以说明到场产品的质量符合要求时，监理工程师可以再组织复验或见证取样试验，确认其质量合格后方允许进场。

工程材料/构配件/设备报审表

工程名称：   编号：   表 2-8

```
┌─────────────────────────────────────────────────────────────────┐
│ 致：                              （监理单位）                    │
│    我方于   年  月  日进场的工程材料/构配件/设备数量如下（见附件）。│
│ 现将质量证明文件及自检结果报上，拟用于下述部位：                     │
│    _____              │
│    _____              │
│    请予以审核。                                                  │
│    附件：1. 数量清单                                             │
│         2. 质量证明文件                                          │
│         3. 自检结果                                              │
│                                                                 │
│                          承包单位（章）_____                │
│                          项目经理_____                      │
│                          日    期_____                      │
├─────────────────────────────────────────────────────────────────┤
│ 审查意见：                                                       │
│    经检查上述工程材料/构配件/设备，符合/不符合设计文件和规范的要求， │
│ 准许/不准许进场，同意/不同意使用于拟定部位。                       │
│                                                                 │
│                          项目监理机构_____                  │
│                          总/专业监理工程师_____             │
│                          日    期_____                      │
└─────────────────────────────────────────────────────────────────┘
```

（2）对进场材料应进行见证取样复试，必要时可会同建设单位到材料厂家进行实地考察。

（3）审查混凝土、砌筑砂浆《配合比申请单和配合比通知单》，签认《混凝土浇灌申请书》，对现场搅拌混凝土，应检查其设备（含计量设备）与现场管理；对商品混凝土生产厂家应考查其资质和生产能力。

（4）要求承包单位在定货前向监理工程师申报，建立合格供货商名录。对于重要的材料、半成品或构配件，还应提交样品，供试验或鉴定之用。经监理工程师审查同意后方可进行订货。进场后应提供构配件和设备厂家的资质证明及产品合格证明，进口材料和设备商检证明，并按规定进行复试。

（5）监理工程师应参与加工定货厂家的考察、评审，根据合同的约定参与定货合同的拟定和签约工作。

（6）进场的构配件和设备承包单位应进行检验、测试，判断合格后，填写《材料/构配件/设备报验单》报项目监理部，监理工程师进行现场检验，签署审查结论。

（7）材料构配件存放条件的控制。质量合格的材料、构配件进场后，到其使用或安装时通常都要经过一定的时间间隔。在此时间内，如果对材料等的存放、保管不良，可能导致质量状况的恶化，如损伤、变质、损坏，甚至不能使用。因此，监理工程师对承包单位在材料、半成品、构配件的存放、保管条件及时间也应实行监控。

对于材料、半成品、构配件等，应当根据它们的特点、特性以及对防潮、防晒、防腐蚀、通风、隔热以及温度、湿度等方面的不同要求，安排适宜的存放条件，以保证其存放质量。例如，对水泥的存放应当防止受潮，存放时间一般不宜超过3个月，以免受潮结块；硝铵炸药的湿度达3%以上时即易结块、拒爆，存放时应妥为防潮；胶质炸药（硝化甘油）冰点温度高（可达+13℃），冻结后极为敏感易爆，存放温度应予以控制；某些化学原材料应当避光、防晒；某些金属材料及器材应防锈蚀等。如果存放、保管条件不良，监理工程师有权要求施工承包单位加以改善并达到要求。对于按要求存放的材料，监理工程师在存入后每隔一定时间（例如1个月）可检查1次，随时掌握它们的存放质量情况。此外，在材料、器材等使用前，也应经监理工程师对其质量再次检查确认后，方可允许使用；经检查质量不符合要求者（例如水泥存放时间超过规定期限或受潮结块、强度等级降低），则不准使用，或降低等级使用。

(8) 对于某些当地材料及现场配制的制品，一般要求承包单位事先进行试验，达到要求的标准方准施工。除应达到规定的力学强度等指标外，还应注意以下方面的检查与控制。

1) 材料的化学成分。例如使用开采、加工的天然卵石或碎石作为混凝土粗骨料时，其内在的化学成分至关重要，因为如果其中含有无定形氧化硅时（如蛋白石、白云石、燧石等），而水泥中的含碱（Na_2O，K_2O）量也较高（>0.6%）时，则混凝土中将发生化学反应生成碱-硅酸凝胶（碱-集料反应），并吸水膨胀，从而导致混凝土开裂。

2) 充分考虑到施工现场加工条件与设计、试验条件不同而可能导致的材料或半成品质量差异。例如，某工程混凝土所用的砂是由当地的河砂，经过现场加工清洗后使用，按原设计的混凝土配合比进行混凝土试配，其单位体积重量指标值达不到设计要求的标准。究其原因，是由于现场清洗加工工艺条件使加工后的砂料组成发生了较大变化，其中细砂部分流失量较大，这与设计阶段进行室内配合比试验时所用的砂组分有较大的差异，因而导致混凝土密度指标值达不到原设计要求。这样，就需要先找出原因，设法妥善解决后（例如，调整配合比、改进加工工艺），经监理工程师认可后才能允许进行施工。

2. 建筑材料质量检验技术

(1) 材料质量检验的目的

材料质量检验的目的，是通过一系列的检测手段，将所取得的材料数据与材料的质量标准相比较，借以判断材料质量的可靠性，能否使用于工程中；同时，还有利于掌握材料信息。

(2) 材料质量的检验方法

材料质量的检验方法有书面检验、外观检验、理化检验和无损检验等四种。

1) 书面检验，是通过对提供的材料质量保证资料、试验报告等进行审核，取得认可方能使用；

2) 外观检验，是对材料从品种、规格、标志、外形尺寸等进行直观检查，看其有无质量问题；

3）理化检验，是借助试验设备与仪器对材料样品的化学成分、机械性能等进行科学的鉴定；

4）无损检验，是在不破坏材料样品的前提下，利用超声波、X射线、表面探伤仪等进行检测。

（3）材料质量的检验程度

根据材料信息和保证资料的具体情况，其质量检验程度分免检、抽检和全部检查三种。

1）免检就是免去质量检验过程。对有足够质量保证的一般材料，以及实践证明质量长期稳定、且质量保证资料齐全的材料，可予免检；

2）抽检就是按随机抽样的方法对材料进行抽样检验。当对材料的性能不清楚，或对质量保证资料有怀疑，或对成批生产的构配件，均应按一定比例进行抽样检验；

3）全检验。凡是进口的材料、设备和重要工程部位的材料，以及贵重的材料，应进行全部检验，以确保材料和工程质量。

（4）材料质量检验的项目

材料质量检验的项目分："一般试验项目"，为通常进行的试验项目；"其他试验项目"为根据需要进行的试验项目。表2-9所示，为常用材料试验项目。

（5）材料质量检验的取样

材料质量检验的取样必须有代表性，即所取样品质量应能代表该批材料的质量。在采取试样时，必须按规定的部位、数量及操作要求进行。表2-10为常用材料取样方法。

常用材料试验项目　　　　　　　　　　表2-9

序号	名　称	一般试验项目	其他试验项目
01	通用水泥	胶砂强度（3d或7d，28d）、标准稠度、安定性、凝结时间、细度	烧失量、碱含量、MgO、SO_3
02	钢筋	屈服强度、抗拉强度、伸长率、冷弯	化学分析C、Si、Mn、S、P等
03	碳素钢丝、刻痕钢丝	屈服强度、拉抗强度、伸长率、反复弯曲	
04	冷拔低碳钢丝	抗拉强度、伸长率、反复弯曲	
05	钢筋焊接　焊接骨架	热轧钢筋：抗剪；冷拔低碳钢丝：抗剪、拉伸	
05	钢筋焊接　焊接网	拉伸、弯曲、抗剪	
05	钢筋焊接　闪光对焊	拉伸、弯曲	
05	钢筋焊接　电弧焊、电渣压力焊、气压焊	拉　伸	
06	钢筋机械连接		
07	砂	颗粒级配、含泥量、泥块含量、有机物含量	表观密度、堆积密度、坚固性
08	碎石或卵石	颗粒级配、含泥量、泥块含量、针片状含量、压碎指标、有机物含量	表观密度、堆积密度、坚固性、碱骨料反应

续表

序号	名　　称		一般试验项目	其他试验项目
09	砌筑砂浆		配合比设计、28d抗压强度	抗冻性、收缩
10	混凝土		配合比设计、坍落度、28d抗压强度	抗冻性、抗渗性、抗折强度
11	砖		烧结普通砖：抗压强度；蒸养（压）砖：抗压强度、抗折强度；烧结多孔砖和空心砖：抗压强度	抗冻性、吸水率、石灰爆裂、泛霜
12	混凝土小型空心砌块		普通混凝土：抗压强度；轻骨料混凝土：抗压强度、表观密度	吸水率、抗冻性
13	建筑生石灰粉		CaO+MgO含量、CO_2含量、细度	
14	石油沥青		针入度、软化点、延度	
15	防水涂料	水性沥青基	粘结性、延伸性、柔韧性、耐热性、不透水性	老化、固体含量
16		聚氨酯	拉伸强度、延伸率、低温柔性、不透水性	老化、固体含量
17	防水卷材	石油沥青油毡	拉力、耐热度、柔度、不透水性	吸水率
		石油沥青玻璃纤维油毡	拉力、柔度、不透水性	耐霉菌、老化
		石油沥青玻璃布油毡	拉力、耐热度、柔度、不透水性	耐霉菌
		塑性体沥青防水卷材	拉力、耐热度、低温柔度、不透水性、延伸率	老化、撕裂强度
		弹性体沥青防水卷材	拉力、耐热度、低温柔度、不透水性、延伸率	老化、撕裂强度
		三元丁橡胶防水卷材	不透水性、拉伸强度、断裂伸长率、耐碱性	热老化、人工候化
		聚氯乙烯防水卷材	拉伸强度、低温弯折、抗渗透性、抗穿孔性、伸长率	热老化、人工候化、水溶液处理

常用材料施工现场取样方法　　　　　　表 2-10

序号	材料名称	取样单位	取样数量	取样方法
01	通用水泥	同生产厂、同品种、同强度等级、同编号水泥。散装水泥≤500t/批；袋装水泥≤200t/批。存放期超过3个月必须复试	≥12kg	1. 散装水泥：在卸料处或输送机上随机取样。当所取水泥深度不超过2m时，采用散水泥取样管，在适当位置插入水泥一定深度取样； 2. 袋装水泥：在袋装水泥堆场取样。用袋装水泥取样管，随机选择20个以上不同部位，插入水泥适当深度取样

续表

序号	材料名称		取样单位	取样数量	取样方法
02	钢筋混凝土用钢筋	热轧带肋钢筋	钢筋、钢丝、钢绞线均按批检查，每批由同一厂别、同一炉罐号、同一规格、同一交货状态、同一进场（厂）时间组成 ≤60t/批	拉伸2根 冷弯2根	1. 试件切取时，应在钢筋或盘条的任意一端截去500mm； 2. 凡规定取2个试件的（低碳钢热轧圆盘条冷弯试件除外）均从任意两根（或两盘中）分别切取，每根钢筋上切取一个拉伸试件，一个冷弯试件； 3. 低碳钢热轧圆盘条冷弯试件应取自同盘的两端； 4. 试件长度：拉力（伸）试件 $L \geqslant 5d/10d+200mm$；冷弯试件 $L \geqslant 5d+150mm$（d 为钢筋直径）； 5. 化学分析试件可利用力学试验的余料钻取，如单项化学分析可取 $L=150mm$（1～5条亦适合于其他类型钢筋）
		热轧光圆钢筋		拉伸2根 冷弯2根	
		低碳钢热轧圆盘条		拉伸1根 冷弯2根	
		余热处理钢筋		拉伸2根 冷弯2根	
03	冷轧带肋钢筋		按批检验，每批由同一牌号、同一外形、同一规格、同一生产工艺和同一交货状态组成 ≤60t/批	拉伸逐盘1个，冷弯每批2个	
04	冷拉钢筋		同一级别、同一直径的冷拉钢筋组成一批 ≤20t/批	拉伸2根 冷弯2根	从任意两根分别切取，每根钢筋上切取一个拉伸试件、一个冷弯试件
05	钢筋焊接接头	闪光对焊	在同一台班内，由同一焊工完成的300个同级别、同直径钢筋焊接接头应作为一批。如果一台班内焊接接头数量较少，可在一周内累计计算；累计仍不足300个接头，应按一批计算	拉伸3个 弯曲3个	力学性能试验时，应从每批接着中随机切取；焊接等长的预应力钢筋（包括螺丝端杆与钢筋）时，可按生产时同等条件制作模拟试件；螺丝端杆接头只可做拉伸试验，模拟试件的试验结果不符合要求时，应从成品中再切取试件进行复试，其数量和要求应与初始试验时相同
		电渣压力焊	在一般构筑物中，应以300个同级别钢筋接头作为一批；在现浇钢筋混凝土多层结构中，应以每一楼层或施工区段中300个同级别钢筋接头作为一批；不足300个接头仍应作为一批	拉伸3个	应从每批接头中随机切取
06	钢筋连接接头	带肋钢筋套筒挤压连接、钢筋锥螺纹接头	同一施工条件下采用同一批材料的同等、同型式、同规格接头≤500个/批；若连续10批拉伸试验一次抽样合格，验收批数量可≥1000个	拉伸不小于3根	随机抽取不小于3个试件做单向拉伸试验，拉头试件的钢筋母材应进行抗拉强度试验

61

续表

序号	材料名称		取样单位	取样数量	取样方法
07	砖砌块	烧结普通砖	同一产地、同一规格（其他砖和砌块亦同）≤15万块/批	强度10块	预先确定抽样方案，在成品堆（垛）中随机抽取，不允许替换
		烧结多孔砖			
		粉煤灰砖（蒸养）	≤10万块/批		
		煤渣砖	≤10万块/批		
		灰砂砖	≤10万块/批		
		烧结空心砖和空心砌块	≤3万块/批		
		粉煤灰砌块	≤200m³/批	抗压强度3块	
		普通混凝土小型空心砌块	≤1万块/批	强度5块	预先确定抽样方案，在成品堆（垛）中随机抽取，不允许替换（抗冻10块，相对含水率、抗渗、空心率各3块）
		轻骨料混凝土小型空心砌块			
08	砂		同分类、规格、适用等级及日产量≤600t/批，日产量超过2000t时≤1000t/批	略	略
09	碎（卵）石		同分类、规格、适用等级及日产量≤600t/批，日产量超过2000t时≤1000t/批，日产量超过5000t时≤2000t/批	略	略
10	建筑石油沥青、道路石油沥青		同一厂家、同一品种、同一标号≤20t/批	1kg	从均匀分布（不少于5处）的部位，取洁净的等量试样，共1kg
11	防水涂料	聚氨酯防水涂料	同一厂家、同一品种、同一进场时间（其他涂料亦同）甲组分≤5t/批 乙组分按产品重量配比组批	2kg	随机抽取桶数不低于 $\sqrt{\frac{n}{2}}$ 的整桶样品（n是交货产品的桶数），逐桶检查外观。然后从初检后的桶内不同部位取相同量的样品，混合均匀
		溶剂型橡胶沥青防水涂料	5t/批	2kg	同聚氨脂防水涂料
		聚氯乙烯弹性防水涂料	≤20t/批	2kg	同聚氨脂防水涂料
		水性沥青基防水涂料	以每班的生产量为一批		同聚氨脂防水涂料

续表

序号	材料名称	取样单位	取样数量	取样方法
12	防水卷材 — 石油沥青油毡	同一厂家、同一品种、同一标号、同一等级（其他卷材亦同）≤150卷/批	500mm长 2块	任抽一卷切除距外层卷头2500mm后，顺纵向截取长为500mm的全幅卷材2块，一块做物理试验，另一块备用
	改性沥青聚乙烯胎防水卷材	1000m²/批	1000mm长 2块	任抽3卷，放在15～30℃室温下至少放4h。从中抽1卷，在距端部2000mm处顺纵向截取长1000mm的全幅2块
13	普通混凝土	同一强度等级、同一配合比、同一生产工艺的混凝土，应在浇筑地点随机取样。强度试件（每组3块）的取样与留置规定如下： 1. 每拌制100盘且不超过100m³的同配合比的混凝土，取样不得少于一次； 2. 每工作班拌制的同配合比的混凝土不足100盘时，取样不得少于一次； 3. 当一次连续浇筑超过1000m³时，同配合比的混凝土每200m³取样不得少于一次； 4. 每一现浇楼层同配合比的混凝土，其取样不得少于一次； 5. 每次取样应至少留置一组标准养护试件，同条件养护试件的留置组数应根据实际需要确定。 对于抗渗要求的混凝土结构（抗渗试件6个），GB50204—2002规定：同一工程、同一配合比的混凝土，取样不应少于一次，留置组数可根据实际需要确定；GB50208—2002规定：连续浇筑混凝土每500m³应留置一组抗渗试件，且每项工程不得小于两组。采用预拌混凝土的抗渗试件，留置组数应视结构的规模和要求而定		
14	砌筑砂浆	同一强度等级、同一配合比的砂浆，应在搅拌机出料口随机抽取，强度试件每组6个立方体试样。 第一检验批且不超过250m³砌体的各种类型及强度等级的砌筑砂浆，每台搅拌机应至少抽检一次		

【案例二】 材料质量控制的要点和方法

某网球馆工程采用筏形基础，按流水施工方案组织施工，在第一阶段施工过程中，材料已送检，为了在雨期来临之前完成基础工程施工，施工单位负责人未经监理许可，在材料送检时，擅自施工，待筏基浇筑完毕后，发现水泥实验报告中某些检验项目质量不合格，如果返工重做，工期将拖延15d，经济损失达1.32万元。

案例分析：

1. 施工单位未经监理单位许可即进行混凝土浇筑的做法是错误的。

正确做法：施工单位运进水泥前，应向项目监理机构提交《工程材料申报表》，同时附有水泥出厂合格证书、技术说明书、按规定要求进行送检的检验报告，经监理工程师审查并确认其质量合格后，方准进场。

2. 材料质量控制方法主要是严格检查验收，正确合理的使用，建立管理台账，进行收、发、储、运等环节的技术管理，避免混料和将不合格的原材料使用到工程上。

3. 材料质量控制的内容主要有：材料的质量标准，材料的性能，材料取样、试验方法，材料的适用范围和施工要求等。

(四) 环境状态的控制

1. 施工作业环境的控制

所谓作业环境条件主要是指水、电或动力供应、施工照明、安全防护设备、施工场地空间条件和通道以及交通运输和道路条件等。这些条件是否良好，直接影响到施工能否顺利进行以及施工质量。例如，施工照明不良，会给要求精密度高的施工操作造成困难，施工质量不易保证；交通运输道路不畅，干扰、延误多，可能造成运输时间加长，运送的混凝土中拌和料质量发生变化（如水灰比、坍落度变化）；路面条件差，可能加重所运混凝土拌合料的离析，水泥浆流失等等。此外，当同一个施工现场有多个承包单位或多个工种同时施工或平行立体交叉作业时，更应注意避免它们在空间上的相互干扰，影响效率及质量、安全。

所以，监理工程师应事先检查承包单位对施工作业环境条件方面的有关准备工作是否已做好安排和准备妥当；当确认其准备可靠、有效后，方准许其进行施工。

2. 施工质量管理环境的控制

施工质量管理环境主要是指施工承包单位的质量管理体系和质量控制自检系统是否处于良好的状态；系统的组织结构、管理制度、检测制度、检测标准、人员配备等方面是否完善和明确；质量责任制是否落实；监理工程师做好承包单位施工质量管理环境的检查，并督促其落实，是保证作业效果的重要前提。

3. 现场自然环境条件的控制

监理工程师应检查施工承包单位，对于未来的施工期间，自然环境条件可能出现对施工作业质量的不利影响时，是否事先已有充分的认识并已做好充足的准备和采取了有效措施与对策以保证工程质量。例如，对严寒季节的防冻；夏季的防高温；高地下水位情况下基坑施工的排水或细砂地基防止流砂；施工场地的防洪与排水；风浪对水上打桩或沉箱施工质量影响的防范等。又如，深基础施工中主体建筑物完成后是否可能出现不正常的沉降，影响建筑的综合质量；以及现场因素对工程施工质量与安全的影响（例如，邻近有易爆、有毒气体等危险源；或邻近高层、超高层建筑，深基础施工质量及安全保证难度大等），有无应对方案及有针对性的保证质量及安全的措施等。

(五) 进场施工机械设备性能及工作状态的控制

保证施工现场作业机械设备的技术性能及工作状态，对施工质量有重要的影响。因此，监理工程师要做好现场控制工作。不断检查并督促承包单位，只有状态良好，性能满足施工需要的机械设备才允许进入现场作业。

1. 施工机械设备的进场检查

机械设备进场前，承包单位应向项目监理机构报送进场设备清单，列出进场机械设备的型号、规格、数量、技术性能（技术参数）、设备状况、进场时间。

机械设备进场后，根据承包单位报送的清单，监理工程师进行现场核对，是否和施工组织设计中所列的内容相符。

2. 机械设备工作状态的检查

监理工程师应审查作业机械的使用、保养记录，检查其工作状况；重要的工程机械，如：大马力推土机、大型凿岩设备、路基碾压设备等，应在现场实际复验（如开动，行走等），以保证投入作业的机械设备状态良好。

监理工程师还应经常了解施工作业中机械设备的工作状况，防止带病运行。发现问题，指令承包单位及时修理，以保持良好的作业状态。

3．特殊设备安全运行的审核

对于现场使用的塔吊及有特殊安全要求的设备，进入现场后在使用前，必须经当地劳动安全部门鉴定，符合要求并办好相关手续后方允许承包单位投入使用。

4．大型临时设备的检查

在跨越大江大河的桥梁施工中，经常会涉及到承包单位在现场组装的大型临时设备，如轨道式龙门吊机、悬灌施工中的挂篮、架梁吊机、吊索塔架、缆索吊机等。这些设备使用前，承包单位必须取得本单位上级安全主管部门的审查批准，办好相关手续后，监理工程师方可批准投入使用。

（六）施工测量及计量器具性能、精度的控制

1．实验室

工程项目中，承包单位应建立实验室。如确因条件限制，不能建立实验室，则应委托具有相应资质的专门实验室作为实验室。

如是新建的实验室，应按国家有关规定，经计量主管部门进行认证，取得相应资质；如是本单位中心实验室的派出部分，则应有中心实验室的正式委托书。

2．监理工程师对实验室的检查

（1）工程作业开始前，承包单位应向项目监理机构报送实验室（或外委实验室）的资质证明文件，列出本实验室所开展的试验、检测项目、主要仪器、设备；法定计量部门对计量器具的标定证明文件；试验检测人员上岗资质证明；实验室管理制度等。

（2）监理工程师的实地检查。监理工程师应检查实验室资质证明文件、试验设备、检测仪器能否满足工程质量检查要求，是否处于良好的可用状态；精度是否符合需要；法定计量部门标定资料、合格证、鉴定表，是否在标定的有效期内；实验室管理制度是否齐全，符合实际；试验、检测人员的上岗资质等。经检查，确认能满足工程质量检验要求，则予以批准，同意使用，否则，承包单位应进一步完善、补充，在没得到监理工程师同意之前，实验室不得使用。

3．工地测量仪器的检查

施工测量开始前，承包单位应向项目监理机构提交测量仪器的型号、技术指标、精度等级、法定计量部门的标定证明，测量工的上岗证明，监理工程师审核确认后，方可进行正式测量作业。在作业过程中监理工程师也应经常检查了解计量仪器、测量设备的性能、精度状况，使其处于良好的状态之中。

（七）施工现场劳动组织及作业人员上岗资格的控制

1．现场劳动组织的控制

劳动组织涉及到从事作业活动的操作者及管理者，以及相应的各种制度。

（1）操作人员：从事作业活动的操作者数量必须满足作业活动的需要，相应工种配置能保证作业有序持续进行，不能因人员数量及工种配置不合理而造成停顿。

（2）管理人员到位：作业活动的直接负责人（包括技术负责人）、专职质检人员、安

全员，与作业活动有关的测量人员、材料员、试验员必须在岗。

（3）相关制度要健全：如管理层及作业层各类人员的岗位职责；作业活动现场的安全、消防规定；作业活动中环保规定；实验室及现场试验检测的有关规定；紧急情况的应急处理规定等。同时要有相应措施及手段以保证制度、规定的落实和执行。

2. 作业人员上岗资格

从事特殊作业的人员（如电焊工、电工、起重工、架子工、爆破工），必须持证上岗。对此监理工程师要进行检查与核实。

二、作业技术活动运行过程的控制

工程施工质量是在施工过程中形成的，而不是最后检验出来的；施工过程是由一系列相互联系与制约的作业活动所构成，因此，保证作业活动的效果与质量是施工过程质量控制的基础。

在施工过程中，监理人员要随时做好施工现场工程质量的检查、监督工作，并做好原始记录工作，签署有关原始凭证，如监理日记等资料的填写、记录与归档；及时恰当地采用一切监理手段，如监理指令的实施等，进行施工过程的质量控制工作。重点工作内容有：

（一）承包单位自检与专检工作的监控

1. 承包单位的自检系统

承包单位是施工质量的直接实施者和责任者。监理工程师的质量监督与控制就是使承包单位建立起完善的质量自检体系并运转有效。

承包单位的自检体系表现在以下几点：

（1）作业活动的作业者在作业结束后必须自检；

（2）不同工序交接、转换必须由相关人员交接检查；

（3）承包单位专职质检员的专检。

为实现上述三点，承包单位必须有整套的制度及工作程序，具有相应的试验设备及检测仪器，配备数量满足需要的专职质检人员及试验检测人员。

2. 监理工程师的检查

监理工程师的质量检查与验收，是对承包单位作业活动质量的复核与确认。监理工程师的检查绝不能代替承包单位的自检，而且，监理工程师的检查必须是在承包单位自检并确认合格的基础上进行的。专职质检员没检查或检查不合格不能报监理工程师。不符合上述规定，监理工程师一律拒绝进行检查。

（二）技术复核工作监控

凡涉及施工作业技术活动基准和依据的技术工作，都应该严格进行专人负责的复核性检查，以避免基准失误给整个工程质量带来难以补救的或全局性的危害。例如：工程的定位、轴线、标高，预留孔洞的位置和尺寸，预埋件，管线的坡度，混凝土配合比，变电、配电位置，高低压进出口方向、送电方向等。技术复核是承包单位应履行的技术工作责任，其复核结果应报送监理工程师复验确认后，才能进行后续相关的施工。监理工程师应把技术复核工作列入监理规划及质量控制计划中，并看作是一项经常性工作任务，贯穿于整个施工过程中。

常见的施工测量复核有：

(1) 民用建筑的测量复核：建筑物定位测量、基础施工测量、墙体皮数杆检测、楼层轴线检测、楼梯间高层传递检测等。

(2) 工业建筑测量复核：厂房控制网测量、桩基施工测量、柱模轴线与高程检测、厂房结构安装定位检测、动力设备基础与预埋螺栓检测。

(3) 高层建筑测量复核：建筑场地控制测量、基础以上的平面与高程控制、建筑物中垂直度检测、建筑物施工过程中沉降变形观测等。

(4) 管线工程测量复核：管网或输配电线路定位测量、地下管线施工检测、架空管线施工检测、多管线交汇点高程检测等。

(三) 见证取样送检工作的监控

见证是指由监理工程师现场监督承包单位某工序全过程完成情况的活动。见证取样则是指对工程项目使用的材料、半成品、构配件的现场取样、工序活动效果的检查实施见证。

为确保工程质量，建设部规定，在市政工程及房屋建筑工程项目中，对工程材料、承重结构的混凝土试块、承重墙体的砂浆试块、结构工程的受力钢筋（包括接头）实行见证取样。

1. 见证取样的工作程序

(1) 工程项目施工开始前，项目监理机构要督促承包单位尽快落实见证取样的送检实验室。对于承包单位提出的实验室，监理工程师要进行实地考察。实验室一般是和承包单位没有行政隶属关系的第三方。实验室要具有相应的资质，经国家或地方计量、试验主管部门认证，试验项目满足工程需要，实验室出具的报告对外具有法定效力。

(2) 项目监理机构要将选定的实验室到负责本项目的质量监督机构备案并得到认可，同时要将项目监理机构中负责见证取样的监理工程师在该质量监督机构备案。

(3) 承包单位在对进场材料、试块、试件、钢筋接头等实施见证取样前要通知负责见证取样的监理工程师，在该监理工程师现场监督下，承包单位按相关规范的要求，完成材料、试块、试件等的取样过程。

(4) 完成取样后，承包单位将送检样品装入木箱，由监理工程师加封，不能装入箱中的试件，如钢筋样品、钢筋接头，则贴上专用加封标志，然后送往实验室。

2. 实施见证取样的要求

(1) 实验室要具有相应的资质并进行备案、认可。

(2) 负责见证取样的监理工程师要具有材料、试验等方面的专业知识，且要取得从事监理工作的上岗资格（一般由专业监理工程师负责从事此项工作）。

(3) 承包单位从事取样的人员一般应是实验室人员，或专职质检人员担任。

(4) 送往实验室的样品，要填写《送验单》，《送验单》要盖有"见证取样"专用章，并有见证取样监理工程师的签字。

(5) 实验室出具的报告一式两份，分别由承包单位和项目监理机构保存，并作为归档材料，是工序产品质量评定的重要依据。

(6) 见证取样的频率，国家或地方主管部门有规定的，执行相关规定；施工承包合同中如有明确规定的，执行施工承包合同的规定。见证取样的频率和数量，包括在承包单位自检范围内，一般所占比例为30%。

(7) 见证取样的试验费用由承包单位支付。

(8) 实行见证取样，绝不代替承包单位应对材料、构配件进场时必须进行的自检。自检频率和数量要按相关规范要求执行。

（四）工程变更的监控

施工过程中，由于前期勘察设计的原因，或由于外界自然条件的变化，未探明的地下障碍物、管线、文物、地质条件不符等，以及施工工艺方面的限制、建设单位要求的改变，均会涉及到工程变更。做好工程变更的控制工作，也是作业过程质量控制的一项重要内容。

工程变更的要求可能来自建设单位、设计单位或施工承包单位。为确保工程质量，不同情况下，工程变更的实施、设计图纸的澄清、修改，具有不同的工作程序。

1. 施工承包单位的要求及处理

在施工过程中承包单位提出的工程变更要求可能是：①要求作某些技术修改；②要求作设计变更。

(1) 对技术修改要求的处理。所谓技术修改，这里是指承包单位根据施工现场具体条件和自身的技术、经验和施工设备等条件，在不改变原设计图纸和技术文件的原则前提下，提出的对设计图纸和技术文件的某些技术上的修改要求，例如，对某种规格的钢筋采用替代规格的钢筋、对基坑开挖边坡的修改等。

承包单位提出技术修改的要求时，应向项目监理机构提交《工程变更单》（见表2-11），在该表中应说明要求修改的内容及原因或理由，并附图和有关文件。

技术修改问题一般可以由专业监理工程师组织承包单位和现场设计代表参加，经各方同意后签字并形成纪要，做为工程变更单附件，经总监批准后实施。

(2) 工程变更的要求。这种变更是指施工期间，对于设计单位在设计图纸和设计文件中所表达的设计标准状态的改变和修改。

首先，承包单位应就要求变更的问题填写《工程变更单》，送交项目监理机构。总监理工程师根据承包单位的申请，经与设计、建设、承包单位研究并作出变更的决定后，签发《工程变更单》，并应附有设计单位提出的变更设计图纸。承包单位签收后按变更后的图纸施工。

总监理工程师在签发《工程变更单》之前，应就工程变更引起的工期改变及费用的增减分别与建设单位和承包单位进行协商，力求达成双方均能满意的结果。

这种变更，一般均会涉及到设计单位重新出图的问题。

如果变更涉及到结构主体及安全，该工程变更还要按有关规定报送施工图原审查单位进行审批，否则变更不能实施。

2. 设计单位提出变更的处理

(1) 设计单位首先将《设计变更通知》及有关附件报送建设单位。

(2) 建设单位会同监理、施工承包单位对设计单位提交的《设计变更通知》进行研究，必要时设计单位尚需提供进一步的资料，以便对变更作出决定。

(3) 总监理工程师签发《工程变更单》，并将设计单位发出的《设计变更通知》作为该《工程变更单》的附件，施工承包单位按新的变更图实施。

3. 建设单位（监理工程师）要求变更的处理

(1) 建设单位（监理工程师）将变更的要求通知设计单位（表 2-11），如果在要求中包括有相应的方案或建议，则应一并报送设计单位，否则，变更要求由设计单位研究解决。在提供审查的变更要求中，应列出所有受该变更影响的图纸、文件清单。

(2) 设计单位对《工程变更单》进行研究。如果在"变更要求"中附有建议或解决方案时，设计单位应对建议或解决方案的所有技术方面进行审查，并确定它们是否符合设计要求和实际情况，然后书面通知建设单位，说明设计单位对该解决方案的意见，并将与该修改变更有关的图纸、文件清单返回给建设单位，说明自己的意见。

如果该《工程变更单》未附有建议的解决方案，则设计单位应对该要求进行详细的研究，并准备出自己对该变更的建议方案，提交建设单位。

(3) 根据建设单位的授权监理工程师研究设计单位所提交的建议设计变更方案或其对变更要求所附方案的意见，必要时会同有关的承包单位和设计单位一起进行研究，也可进一步提供材料，以便对变更做出决定。

(4) 建设单位作出变更的决定后由总监理工程师签发《工程变更单》，指示承包单位按变更的决定组织施工。

工 程 变 更 单

工程名称： 编号： **表 2-11**

致： 　　由于_____原因，兹提出工程变更（内容见附件），请予以审批。 附件： 　　　　　　　　　　　　　　　　　　　　　　　　　　　提出单位_____ 　　　　　　　　　　　　　　　　　　　　　　　　　　　代 表 人_____ 　　　　　　　　　　　　　　　　　　　　　　　　　　　日　　　期_____	
一致意见： 建设单位代表　　　承包单位代表　　　项目监理机构　　　设计单位代表 签字：　　　　　　签字：　　　　　　签字：　　　　　　签字： 日期_____　　　　日期_____　　　　日期_____　　　　日期_____	

应当指出的是，监理工程师对于无论哪一方提出的现场工程变更要求，都应持十分谨慎的态度。除非是原设计不能保证质量要求，或确有错误，以及无法施工或非改不可之外，一般情况下即使变更要求可能在技术经济上是合理的，也应全面考虑，将变更以后所

产生的效益（质量、工期、造价）与现场变更往往会引起承包单位的索赔等所产生的损失加以比较，权衡轻重后再做出决定，况且这种变更往往并不一定能达到预期的愿望和效果。

需注意的是在工程施工过程中，无论是建设单位或者施工及设计单位提出的工程变更或图纸修改，都应通过监理工程师审查并经有关方面研究，确认其必要性后，由总监理工程师发布变更指令方能生效予以实施。

（五）见证点的实施控制

"见证点"（Witness point）是国际上对于重要程度不同及监督控制要求不同的质量控制点的一种区分方式。实际上它是质量控制点，只是由于它的重要性或其质量后果影响程度不同于一般质量控制点，所以在实施监督控制时的运作程序和监督要求与一般质量控制点有区别。

见证点的监理实施程序

1. 承包单位应在某见证点施工之前一定时间，例如 24 小时前，书面通知监理工程师，说明该见证点准备施工的日期与时间，请监理人员届时到达现场进行见证和监督。

2. 监理工程师收到通知后，应注明收到该通知的日期并签字。

3. 监理工程师应按规定的时间到现场见证。对该见证点的实施过程进行认真的监督、检查，并在见证表上详细记录该项工作所在的建筑物部位、工作内容、数量、质量及工时等后签字，作为凭证。

4. 如果监理人员在规定的时间不能到场见证；承包单位可以认为已获监理工程师默认，可有权进行该项施工。

5. 如果在此之前监理人员已到过现场检查，并将有关意见写在"施工记录"上，则承包单位应在该意见旁写明他根据该意见已采取的改进措施，或者写明他的某些具体意见。

在实际工程实施质量控制时，通常是由施工承包单位在分项工程施工前制定施工计划时，就选定设置质量控制点，并在相应的质量计划中再进一步明确哪些是见证点。承包单位应将该施工计划及质量计划提交监理工程师审批。如监理工程师对上述计划及见证点的设置有不同的意见，应书面通知承包单位，要求予以修改，修改后再上报监理工程师审批后执行。

（六）级配管理质量监控

建设工程中，均会涉及到材料的级配、不同材料的混合拌制。如混凝土工程中，砂、石骨料本身的组分级配，混凝土拌制的配合比；交通工程中路基填料的级配、配合及拌制；路面工程中沥青摊铺料的级配配比等。由于不同原材料的级配，配合及拌制后的产品对最终工程质量有重要的影响。因此，监理工程师要做好相关的质量控制工作。

1. 拌和原材料的质量控制

使用的原材料除材料本身质量要符合规定要求外，材料本身的级配也必须符合相关规定，如：粗骨料的粒径级配、细集料的级配曲线要在规定的范围内。

2. 材料配合比的审查

根据设计要求，承包单位首先进行理论配合比设计，进行试配试验后，确认 2～3 个能满足要求的理论配合比提交监理工程师审查。报送的理论配合比必须附有原材料的质量证明资料（现场复验及见证取样试验报告）、现场试块抗压强度报告及其他必需的资料。

监理工程师经审查后确认其符合设计及相关规范的要求后，予以批准。以混凝土配合比审查为例，应重点审查水泥品种、水泥最大用量、粉煤灰掺入量、水灰比、坍落度、配制强度、使用的外加剂、砂的细度模数、粗骨料的最大粒径限制等。

3. 现场作业的质量控制

(1) 拌和设备状态及相关拌和料计量装置，称重衡器的检查。

(2) 投入使用的原材料（如水泥、砂、外加剂、水、粉煤灰、粗骨料）的现场检查，是否与批准的配合比一致。

(3) 现场作业实际配合比是否符合理论配合比。作业条件发生变化是否及时进行了调整。例如混凝土工程中，雨后开盘生产混凝土，砂的含水率发生了变化，对水灰比是否及时进行了调整等。

(4) 对现场所做的调整应按技术复核的要求和程序执行。

(七) 计量工作质量监控

计量是施工作业过程的基础工作之一，计量作业效果对施工质量有很大影响。监理工程师对计量工作的质量监控包括以下内容：

(1) 施工过程中使用的计量仪器、检测设备、称重衡器的质量控制。

(2) 从事计量作业人员技术水平资格的审核：尤其是现场从事施工测量的测量工，从事试验、检测的试验工。

(3) 现场计量操作的质量控制。作业者的实际作业质量直接影响到作业效果，计量作业现场的质量控制主要是检查其操作方法是否得当。如：对仪器的使用、数据的判读、数据的处理及整理方法，及对原始数据的检查。如检查测量外业记录手簿，检查试验的原始数据，检查现场检测的原始记录等。在抽样检测中，现场检测取点、检测仪器的布置是否正确、合理，检测部位是否有代表性，能否反映真实的质量状况，也是审核的内容，如路基压实度检查中，如果检查点只在路基中部选取，就不能如实反映实际，而必须在路肩、路基中部均有检测点。

(八) 质量记录资料的监控

质量记录资料是施工承包单位进行工程施工或安装期间，实施质量控制活动的记录，还包括监理工程师对这些质量控制活动的意见及施工承包单位对这些意见的答复，它详细地记录了工程施工阶段质量控制活动的全过程。因此，它不仅在工程施工期间对工程质量的控制有重要作用，而且在工程竣工和投入运行后，对于查询和了解工程建设的质量情况以及工程维修和管理也能提供大量有用的资料和信息。

质量记录资料包括以下三方面内容：

1. 施工现场质量管理检查记录资料

主要包括承包单位现场质量管理制度、质量责任制；主要专业工种操作上岗证书；分包单位资质及总包单位对分包单位的管理制度；施工图审查核对资料（记录）、地质勘察资料；施工组织设计、施工方案及审批记录；施工技术标准；工程质量检验制度；混凝土搅拌站（级配填料拌和站）及计量设置；现场材料、设备存放与管理等。

2. 工程材料质量记录

主要包括进场工程材料、半成品、构配件、设备的质量证明资料；各种试验检验报告

（如力学性能试验、化学成分试验、材料级配试验等）；各种合格证；设备进场维修记录或设备进场运行检验记录。

3. 施工过程作业活动质量记录资料

施工或安装过程可按分项、分部、单位工程建立相应的质量记录资料。在相应质量记录资料中应包含有关图纸的图号、设计要求；质量自检资料；监理工程师的验收资料；各工序作业的原始施工记录；检测及试验报告；材料、设备质量资料的编号、存放档案卷号；此外，质量记录资料还应包括不合格项的报告、通知以及处理、检查验收资料等。

质量记录资料应在工程施工或安装开始前，由监理工程师和承包单位一起，根据建设单位的要求及工程竣工验收资料组卷归档的有关规定，研究列出各施工对象的质量资料清单。以后，随着工程施工的进展，承包单位应不断补充和填写关于材料、构配件及施工作业活动的有关内容，记录新的情况。当每一阶段（如检验批，一个分项或分部工程）施工或安装工作完成后，相应的质量记录资料也应随之完成，并整理组卷。

施工质量记录资料应真实、齐全、完整，相关各方人员的签字齐备、字迹清楚、结论明确，与施工过程的进展同步。在对作业活动效果的验收中，如缺少资料和资料不全，监理工程师应拒绝验收。

（九）工地例会的管理

工地例会是施工过程中参加建设项目各方沟通情况、解决分歧、形成共识、做出一致行动的主要渠道，也是监理工程师进行现场质量控制的重要方式。

通过工地例会，监理工程师检查分析施工过程的质量状况，指出存在的问题，承包单位提出整改的措施，并作出相应的保证。

由于参加工地例会的人员较多，层次也较高，会上容易就问题的解决达成共识。

除了例行的工地例会外，针对某些专门的质量问题，监理工程师还应组织专题会议，集中解决较重大或普遍存在的问题。实践表明采用这样的方式比较容易解决问题，使质量状况得到改善。

为开好工地例会及质量专题会议，监理工程师要充分了解情况，判断要准确，决策要正确。此外，要讲究方法，协调处理各种矛盾，不断提高会议质量，使工地例会真正起到解决质量问题的作用。

（十）停、复工令的实施

1. 工程暂停指令的下达

为了确保施工作业质量，根据委托监理合同中建设单位对监理工程师的授权，出现下列情况需要停工处理时，应下达停工指令：

（1）施工作业活动存在重大隐患，可能造成质量事故或已经造成质量事故。

（2）承包单位未经许可擅自施工或拒绝项目监理机构管理。

（3）在出现下列情况下，总监理工程师有权行使质量控制权，下达停工令，及时进行质量控制：

1）施工中出现质量异常情况，经提出后，承包单位未采取有效措施，或措施不力未能扭转异常情况者；

2）隐蔽作业未经依法查验确认合格，而擅自封闭者；

3）已发生质量问题迟迟未按监理工程师要求进行处理，或者是已发生质量缺陷或问题，如不停工则质量缺陷或问题将继续发展的情况下；

4）未经监理工程师审查同意，而擅自变更设计或修改图纸进行施工者；

5）未经技术资质审查的人员或不合格人员进入现场施工；

6）使用的原材料、构配件不合格或未经检查确认者，或擅自采用未经审查认可的代用材料者；

7）擅自使用未经项目监理机构审查认可的分包单位进场施工。

总监理工程师在签发工程暂停令时，应根据停工原因的影响范围和影响程度，确定工程项目停工范围。

2. 恢复施工指令的下达

承包单位经过整改具备恢复施工条件时，承包单位向项目监理机构报送复工申请及有关材料，证明造成停工的原因已消失。经监理工程师现场复查，认为已符合继续施工的条件，造成停工的原因确已消失，总监理工程师应及时签署工程复工报审表，指令承包单位继续施工。

3. 总监下达停工令及复工指令，宜事先向建设单位报告。

另外，监理工程师认为有必要时，可以通过"监理通知"的形式要求施工单位按监理指令执行，并要求回复，还要注意检查执行的效果。其他通知和对施工单位的提示、建议等可通过"监理工作联系单"等形式进行沟通与管理。

三、作业技术活动结果的控制

（一）作业技术活动结果的控制内容

作业技术活动结果，泛指作业工序的产出品、已完施工的分部分项工程及已完准备交验的单位工程等。

作业技术活动结果的控制是施工过程中间产品及最终产品质量控制的方式，只有作业活动的中间产品质量都符合要求，才能保证最终单位工程产品的质量，主要内容有：

1. 基槽（基坑）验收

基槽开挖是基础施工中的一项内容，由于其质量状况对后续工程质量影响大，故均做为一个关键工序或一个重要的检验批进行质量验收。基槽开挖质量验收主要涉及地基承载力的检查确认、地质条件的检查确认和开挖边坡的稳定及支护状况的检查确认等。由于部位的重要，基槽开挖验收均要有勘察、设计单位的有关人员参加，并请质量监督部门参加，经现场检查、测试（或平行检测），确认其地基承载力是否达到设计要求，地质条件是否与设计相符。如相符，则共同签署验收资料，如达不到设计要求或与勘察设计资料不符，则应采取措施进一步处理或进行相应的工程变更，由原设计单位提出处理方案，经承包单位实施完毕后重新验收。

2. 隐蔽工程验收

隐蔽工程是指将被其后续工程施工所隐蔽的分部、分项工程，在隐蔽前必须进行检查验收。它是对一些已完分部、分项工程质量的最后一道检查，由于检查对象就要被其他工程所覆盖，给以后的检查整改造成障碍与困难，故显得尤为重要，它是质量控制的一个关键过程。

（1）工作程序

1）隐蔽工程施工完毕，承包单位按有关技术规程、规范、施工图纸先进行自检，自检合格后，填写《报验申请表》，附上相应的工程检查证明（或隐蔽工程检查记录）及有关材料证明、试验报告、复试报告等工程资料，报送项目监理机构审核。

2）监理工程师收到报验申请后首先对质量证明资料进行审查，并在合同规定的时间内到现场检查（检测或核查），承包单位的专职质检员及相关施工人员应随同一起到现场。

3）经现场检查，如符合质量要求，监理工程师在《报验申请表》及工程检查证明（或隐蔽工程检查记录）上签字确认，准予承包单位隐蔽、覆盖，进入下一道工序施工。如经现场检查发现不合格，监理工程师签发"不合格项目通知"，指令承包单位整改，经整改自检合格后再报监理工程师重新审核。

(2) 隐蔽工程检查验收时通常的质量控制点

以工业及民用建筑为例，下述工程部位进行隐蔽检查时必须重点控制，防止出现质量隐患。①基础施工前对地基质量的检查，尤其要检测其地基承载力；②基坑回填土前对基础质量的检查；③混凝土浇筑前对钢筋、模板的检查；④混凝土墙体施工前，对敷设在墙内的电线等隐蔽管线质量的检查；⑤防水层施工前对基层质量的检查；⑥建筑幕墙施工挂板之前对龙骨系统的检查；⑦屋面板与屋架（梁）预埋件的焊接检查；⑧避雷引下线及接地引下线的连接检查；⑨覆盖前对直埋于楼地面的电缆、封闭前对敷设于暗井道、吊顶、楼板垫层内的设备管道质量的检查；⑩易出现质量通病的部位的质量检查。

(3) 作为示例，以下介绍钢筋隐蔽工程验收要点

1）按施工图核查绑扎成型的钢筋骨架，检查钢筋品种、直径、数量、间距、形状；

2）检查骨架外形尺寸，钢筋保护层厚度，其偏差是否超过规定；构造筋是否满足构造要求；

3）锚固长度、箍筋加密区及加密间距是否满足设计及规范要求；

4）检查钢筋接头：如是绑扎搭接，要检查搭接长度、接头位置和数量（错开长度、接头百分率）是否满足规范要求；焊接接头或机械连接，要检查其外观质量、取样试件力学性能试验是否达到要求，接头位置（相互错开）、数量（接头百分率）是否满足规范要求等。

3. 工序交接验收

工序交接验收是指施工作业活动中的一种必要的技术停顿，是作业方式的转换及作业活动效果的中间确认。验收的基本要求是上道工序应满足下道工序的施工条件和要求，各相关专业工序之间也是如此。通过工序间的交接验收，使各工序间和相关专业工程之间形成一个有机整体。

4. 检验批、分部、分项工程的验收

检验批的质量应按主控项目和一般项目验收。

一检验批（分部、分项工程）完成后，承包单位应首先自行检查验收，确认符合设计文件和相关验收规范的规定后，向监理工程师提交验收申请，由监理工程师予以检查、确认。监理工程师按合同文件的要求，根据施工图纸及有关文件、规范、标准等，从外观、几何尺寸、质量控制资料以及内在质量等方面进行检查、审核。如确认其质量符合要求，则予以签字确认。如有质量问题则指令承包单位进行整改处理，待质量符合要求后再予以检查验收。对涉及结构安全和使用功能的重要分部工程还应进行必要的抽样检测。

5. 联动试车或设备的试运转

设备安装经验收合格后,还必须进行试运转,这是确保设备成套投产正常运转的重要环节。联动试车或设备试运转的条件、程序、步骤等详见第一章相关内容。

6. 单位工程或整个工程项目的竣工验收

在一个单位工程完工后或整个工程项目完成后,施工承包单位应首先进行竣工自检,自检合格后,向项目监理机构提交《工程竣工报验单》(见表2-12),总监理工程师组织专业监理工程师进行竣工初验,其主要工作包括以下几方面:

工程竣工报验单

工程名称:　　　　　　　　　　　　　　　　　　编号:　　　　　表 2-12

致:　　　　　　　　　　　　　　　(监理单位) 　　我方已按合同要求完成了_____工程,经自检合格,请予以检查和验收。 　　附件: 　　　　　　　　　　　　　　　　　　　　　承包单位(章)_____ 　　　　　　　　　　　　　　　　　　　　　项目经理_____ 　　　　　　　　　　　　　　　　　　　　　日　　期_____
审查意见: 　　经初步验收,该工程 　　1. 符合/不符合我国现行法律、法规要求; 　　2. 符合/不符合我国现行工程建设标准; 　　3. 符合/不符合设计文件要求; 　　4. 符合/不符合施工合同要求。 　　综上所述,该工程初步验收合格/不合格,可以/不可以组织正式验收。 　　　　　　　　　　　　　　　　　　　　　项目监理机构_____ 　　　　　　　　　　　　　　　　　　　　　总监理工程师_____ 　　　　　　　　　　　　　　　　　　　　　日　　期_____

(1) 审查施工承包单位提交的竣工验收所需的文件资料,包括各种质量控制资料、试验报告以及各种有关的技术性文件等。若所提交的验收文件、资料不齐全或有相互矛盾和不符之处,应指令承包单位补充、核实及改正。

(2) 审核承包单位提交的竣工图,并与已完工程有关的技术文件(如设计图纸、工程变更文件、施工记录及其他文件)对照进行核查。

(3) 监理工程师组织专业监理工程师对拟验收工程项目的现场进行检查,如发现质量问题应指令承包单位进行处理。

(4) 对拟验收项目初验合格后,总监理工程师对承包单位的《工程竣工报验单》予以签认,并上报建设单位,同时提出"工程质量评估报告"。"工程质量评估报告"是工程验收中的重要资料,它由项目总监理工程师和监理单位技术负责人签署。主要包括以下重要内容:

1) 工程项目建设概况介绍,参建各方的单位名称、项目负责人。

2）工程检验批、分部、分项、单位工程的划分情况。

3）工程质量验收标准，各检验批、分部、分项工程质量验收情况。

4）地基与基础分部工程中，涉及桩基工程的质量检测结论，基槽承载力检测结论；涉及结构安全及使用功能的检测结论；建筑物沉降观测资料。

5）施工过程中出现的质量事故及处理情况，验收结论。

6）结论。本工程项目（单位工程）是否达到合同约定；是否满足设计文件要求；是否符合国家强制性标准及有关条款的规定。

（5）参加由建设单位组织的正式竣工验收，并提供相关监理资料。对验收中提出的整改问题，应要求承包单位进行整改。工程质量符合要求，由总监理工程师会同参加验收的各方签署竣工验收报告。

7. 不合格的处理

上道工序不合格，不准进入下道工序施工，不合格的材料、构配件、半成品不准进入施工现场且不允许使用，已经进场的不合格品应及时做出标识、记录，指定专人看管，避免用错，并限期清除出现场；不合格的工序或工程产品，不予验收与计价，直到整改后，重新验收合格。

8. 成品保护

（1）成品保护的要求

所谓成品保护一般是指在施工过程中，有些分项工程已经完成，而其他一些分项工程尚在施工；或者是在其分项工程施工过程中，某些部位已完成，而其他部位正在施工。在这种情况下，承包单位必须负责对已完成工程部分采取妥善措施予以保护，以免因缺乏保护或保护不善而造成成品损坏或污染，从而影响工程整体质量。因此，监理工程师应对承包单位所承担的成品保护工作的质量与效果进行经常性的检查。对承包单位进行成品保护的基本要求是：在承包单位向建设单位提出其工程竣工验收申请或向监理工程师提出分部、分项工程的中间验收时，其提请验收工程的所有组成部分均应符合与达到合同文件规定的或施工图纸等技术文件所要求的质量标准。

（2）成品保护的一般措施

根据需要保护的建筑产品的特点不同，可以分别对成品采取"防护"、"包裹"、"覆盖"、"封闭"等保护措施，以及合理安排施工顺序来达到保护成品的目的。具体分述如下：

1）防护。就是针对被保护对象的特点采取各种防护的措施。例如，对清水楼梯踏步，可以采取护棱角铁上下连接固定；对于进出口台阶可垫砖或方木搭脚手板供人通行的方法来保护台阶；对于门口易碰部位，可以钉上防护条或槽型盖铁保护；门扇安装后可加楔固定等。

2）包裹。就是将被保护物包裹起来，以防损伤或污染。例如，对镶面大理石柱可用立板包裹捆扎保护；楼梯扶手在油漆后可裹纸保护以防止污染变色；铝合金门窗可用塑料布包扎保护等。

3）覆盖。就是用表面覆盖的办法防止堵塞或损伤。例如，对地漏、落水口排水管等安装后可以覆盖，以防止异物落入而被堵塞；预制水磨石或大理石楼梯可用木板覆盖加以保护；地面可用锯末、苫布等覆盖以防止喷浆等污染；其他需要防晒、防冻、保温养护等项目也应采取适当的防护措施。

4）封闭。就是采取局部封闭的办法进行保护。例如，垃圾道完成后，可将其进口封闭起来，以防止建筑垃圾堵塞通道；房间水泥地面或地面砖完成后，可将该房间局部封闭，防止人们随意进入而损害地面；室内装修完成后，应加锁封闭，防止人们随意进入而受到损伤等。

5）合理安排施工顺序。主要是通过合理安排不同工作之间的施工先后顺序以防止后道工序损坏或污染已完施工的成品或生产设备。例如，遵循"先地下后地上"、"先深后浅"的施工顺序，就不至于破坏地下管网和道路路面；采取房间内先喷浆或喷涂而后装灯具的施工顺序可防止喷浆污染、损害灯具；先做顶棚装修而后做地坪，也可避免顶棚及装修施工污染损害地坪。

（二）作业技术活动结果检验程序与方法

1．检验程序

按一定的程序对作业活动结果进行检查，是加强质量管理，体现作业者要对作业活动结果负责的根本举措，同时也是确保工程质量的必要环节。

作业活动结束，应先由承包单位的作业人员按规定进行自检，自检合格后与下一工序的作业人员进行交接检查，如满足要求则由承包单位专职质检员进行检查，以上自检、交检、专检均符合要求后，由承包单位向监理工程师提交"报验申请表"，监理工程师收到通知后，应在合同规定的时间内及时对其质量进行检查，确认其质量合格后予以签认验收。

作业活动结果的质量检查验收主要是对质量性能的特征指标进行检查，即采取一定的检测手段，进行检验，根据检验结果分析、判断该作业活动的质量（效果）。

（1）实测。即采用必要的检测手段，对实体进行的几何尺寸测量、测试或对抽取的样品进行检验，测定其质量特性指标（例如混凝土的抗压强度）。

（2）分析。即对检测所得数据进行整理、分析、找出规律。

（3）判断。根据对数据分析的结果，判断该作业活动效果是否达到了规定的质量标准；如果未达到，应找出原因。

（4）纠正或认可。如发现作业质量不符合标准规定，应采取措施纠正；如果质量符合要求则予以确认。

重要的工程部位、工序和专业工程，或监理工程师对承包单位的施工质量状况未能确信者，以及主要材料、半成品、构配件的使用等等，还需由监理人员亲自进行现场验收试验或技术复核。例如路基填土压实的现场抽样检验等；涉及结构安全的试块、试件以及有关材料，应按规定进行见证取样检测、抽样检验。

2．质量检验的主要方法

对于现场所用原材料、半成品、工序过程或工程产品质量进行检验的方法，一般可分为三类，即：目测法、实测法以及试验法。

（1）目测法：即凭借感官进行检查，也可以叫做观感检验。这类方法主要是根据质量要求，采用看、摸、敲、照等手段对检查对象进行检查。"看"就是根据质量标准要求进行外观目测检查，例如清水墙表面是否洁净，喷涂的密实度和颜色是否良好、均匀，内墙抹灰大面及口角是否平直，地面是否光洁平整，油漆浆活表面观感等。所谓"摸"，就是通过触摸手感进行检查、鉴别，主要用于装饰工程的某些检查项目，例如水刷石、干黏石粘结牢固程度，油漆的光滑度，浆活是否牢固、不掉粉等。所谓"敲"，就是运用敲击方法进行音感检查；例如，对拼镶木地板、墙面瓷砖、大理石镶贴、地砖铺砌等的质量均可通过敲击检查，根据声音虚实、脆闷判断有无空鼓等质量问题。所谓"照"，就是通过人工光源或反射光照射，仔细检查难以看清的部位。

(2) 实测法：就是利用量测工具或计量仪表，通过实际量测结果与规定的质量标准或规范的要求相对照，从而判断质量是否符合要求。量测的手法可归纳为：靠、吊、量、套。所谓"靠"，是用直尺、塞尺检查诸如地面、墙面的平整度等。所谓"吊"是指用托线板以线锤检查垂直度。所谓"量"是指用量测工具或计量仪表等检查断面尺寸、轴线、标高、温度、湿度等数值并确定其偏差，例如大理石板拼缝尺寸与超差数量，摊铺沥青拌和料的温度等。所谓"套"，是指以方尺套方辅以塞尺，检查诸如阴阳角的方正、踢角线的垂直度、预制构件的方正，门窗洞口及构件的对角线等。

(3) 试验法：指通过进行现场试验或实验室试验等理化试验手段，取得数据，分析判断质量情况。包括：

1) 理化试验。工程中常用的理化试验包括各种物理力学性能方面的检验和化学成分及含量的测定等两个方面。力学性能的检验如各种力学指标的测定（例如抗拉强度、抗压强度、冲击韧性、硬度、承载力等指标）；各种物理性能方面的测定（例如密度、含水量、凝结时间、安定性、抗渗、耐磨、耐热等指标）；各种化学方面的试验如化学成分及其含量的测定（例如钢筋中的磷、硫含量，混凝土粗骨料中的活性氧化硅成分测定等），以及耐酸、耐碱、抗腐蚀等性能测定。此外，必要时还可在现场通过诸如对桩或地基的现场静载试验或打试桩，确定其承载力；对混凝土现场取样，通过实验室的抗压强度试验，确定混凝土达到的强度等级；以及通过管道水压试验判断其耐压及渗漏情况等。

2) 无损测试或检验。借助专门的仪器、仪表等手段探测结构物或材料、设备内部组织结构或损伤状态。这类检测仪器如：超声波探伤仪、磁粉探伤仪、γ射线探伤、渗透液探伤等。它们一般可以在不损伤被探测物的情况下了解被探测物的质量情况。

3. 质量检验程度的种类

按质量检验的程度，有以下三类：

(1) 全数检验。全数检验也叫做普遍检验。它主要是用于关键工序部位或隐蔽工程，以及那些在技术规程、质量检验验收标准或设计文件中有明确规定应进行全数检验的对象。一般来说，对于诸如规格、性能指标对工程的安全性、可靠性起决定作用的施工对象；质量不稳定的工序；质量水平要求高，对后续工序有较大影响的施工对象，不采取全数检验不能保证工程质量时，均需采取全数检验。例如，对安装模板的稳定性、刚度、强度、结构物轮廓尺寸等；对于架立的钢筋规格、尺寸、数量、间距、保护层；以及绑扎或焊接质量等。

(2) 抽样检验。对于主要的工程产品，由于数量大，通常大多采取抽样检验。即从一批材料或产品中，随机抽取少量样品进行检验，并根据对其数据经统计分析的结果，判断该批产品的质量状况。与全数检验相比较，抽样检验具有如下优点：①检验数量少，比较经济；②适合于需要进行破坏性试验（如混凝土抗压强度的检验）的检验项目；③检验所需时间较少。

(3) 免检。就是在某种情况下，可以免去质量检验过程。对于已有足够证据证明质量有保证的建筑产品；或实践证明其产品质量长期稳定、质量保证资料齐全者；或是某些施工质量只有通过在施工过程中的严格质量监控，而质量检验人员很难对产品内在质量再作检验的，均可考虑采取免检。

4. 质量检验必须具备的条件

监理单位对承包单位进行有效的质量监督控制是以质量检验为基础的，为了保证质量检验的工作质量，必须具备一定的条件。

（1）监理单位要具有一定的检验技术力量。配备所需的具有相应水平和资格的质量检验人员。必要时，还应建立可靠的对外委托检验关系。

（2）监理单位应建立一套完善的管理制度，包括建立质量检验人员的岗位责任制；检验设备质量保证制度；检验人员技术核定与培训制度；检验技术规程与标准实施制度；以及检验资料档案管理等方面。

（3）配备一定数量符合标准及满足检验工作需要的检验和测试手段。

（4）质量检验所需的技术标准，如国际标准、国家标准、行业及地方标准等。

5. 质量检验计划

工程项目的质量检验工作具有流动性、分散性及复杂性的特点。为使监理人员能有效地实施质量检验工作和对承包单位进行有效的质量监控，监理单位应当制定质量检验计划，通过质量检验计划这种书面文件，可以清楚地向有关人员表明应当检验的对象是什么，应当如何检验，检验的评价标准如何，以及其他要求等。

质量检验计划的内容可以包括：

（1）分部分项工程名称及检验部位；

（2）检验项目，即应检验的性能特征，以及其重要性级别；

（3）检验程度和抽检方案；

（4）应采用的检验方法和手段；

（5）检验所依据的技术标准和评价标准；

（6）认定合格的评价条件；

（7）质量检验合格与否的处理；

（8）对检验记录及签发检验报告的要求；

（9）检验程序或检验项目实施的顺序。

【案例三】 施工过程质量控制的内容、方法与手段

2003年8月，一天凌晨两点左右，某市联合大学学生宿舍楼发生一起6层悬臂式雨篷根部突然断裂的恶性质量事故，雨篷悬挂在墙面上。幸好凌晨两点，未造成人员伤亡。该工程为6层砖混结构宿舍楼，建筑面积2784m^2，经事故调查、原因分析，发现造成该质量事故的主要原因是施工队伍素质差，在施工时将受力钢筋位置放错，使悬臂结构受拉区无钢筋而产生脆性破坏。

案例分析：

1. 如果该工程实施过程中实施了工程监理，监理单位应对该起质量事故承担责任。原因是：监理单位接受了建设单位委托，并收取了监理费用，具备了承担责任的条件，而施工过程中，监理未能发现钢筋位置放错的质量问题，因此必须承担相应责任。

2. 施工现场质量检查的内容主要有:

(1) 开工前的检查;

(2) 工序交接检查;

(3) 隐蔽工程检查;

(4) 停工后复工前的检查;

(5) 分部、分项工程完工后,应经检查认可,签署验收记录后,才允许进行下一工程项目施工;

(6) 成品保护检查。

3. 钢筋隐蔽验收要点:

(1) 按施工图核查纵向受力钢筋,检查钢筋品种、直径、数量、位置、间距、形状;

(2) 检查混凝土保护层厚度,构造钢筋是否符合构造要求;

(3) 钢筋锚固长度,箍筋加密区及加密间距;

(4) 检查钢筋接头:如绑扎搭接,要检查搭接长度,接头位置和数量(错开长度、接头百分率);焊接接头或机械连接,要检查外观质量,取样试件力学性能试验是否达到要求,接头位置(相互错开)数量(接头百分率)。

竣工验收质量控制。工程项目的竣工验收,是项目建设程序的最后一个环节,是全面考核项目建设成果,检查设计与施工质量,确认项目能否投入使用的重要步骤。关于建筑工程质量验收相关问题将在第三章做详细介绍,在此不再详述。

思考题与习题

1. 施工准备、施工过程、竣工验收各阶段的质量控制包括哪些主要内容?
2. 施工质量控制的依据主要有哪些方面?
3. 简要说明施工阶段监理工程师质量控制的工作程序。
4. 监理工程师对承包单位资质核查的内容是什么?
5. 监理工程师审查施工组织设计的原则有哪些?
6. 对工程所需的原材料、半成品、构配件的质量控制主要从哪些方面进行?
7. 监理工程师如何审查分包单位的资格?
8. 设计交底中,监理工程师应主要了解哪些内容?
9. 什么是质量控制点?选择质量控制点的原则是什么?
10. 什么是质量预控?
11. 环境状态控制的内容有哪些?
12. 监理工程师如何做好进场施工机械设备的质量控制?
13. 监理工程师如何做好施工测量、计量的质量控制?
14. 监理工程师如何做好作业技术活动过程的质量控制?
15. 什么是见证取样?其工作程序和要求有哪些?
16. 工程变更的要求可能来自何方?其变更程序如何?
17. 什么是"见证点"?见证点的监理实施程序是什么?
18. 施工过程中成品保护的措施一般有哪些?
19. 监理工程师进行现场质量检验的方法有哪几类?其主要内容包括哪些方面?
20. 施工阶段监理工程师进行质量监督控制可以通过哪些手段进行?

第三章 工程施工质量验收

第一节 概 述

为了加强建筑工程质量管理，保证工程质量，工程施工质量必须在统一的标准下进行验收。本章将结合《建筑工程施工质量验收统一标准》及建筑工程其他专业验收规范，重点介绍建筑工程施工质量验收的相关问题。

建筑工程施工质量验收包括工程施工质量的中间验收和工程的竣工验收两个方面。通过对工程建设中间产出品和最终产品的质量验收，从过程控制和终端把关两个方面进行工程项目的质量控制，以确保达到业主所要求的功能和使用价值，实现建设投资的经济效益和社会效益。工程项目的竣工验收，是项目建设程序的最后一个环节，是全面考核项目建设成果，检查设计与施工质量，确认项目能否投入使用的重要步骤。顺利并尽快完成竣工验收，标志着项目建设阶段的结束和生产使用阶段的开始，对促进项目的早日投产使用，及早发挥投资效益，有着非常重要的意义。

建筑工程施工质量验收统一标准、规范体系由《建筑工程施工质量验收统一标准》（GB 50300—2001）和各专业验收规范共同组成。统一标准是规定质量验收程序及组织的规定和单位（子单位）工程的验收指标；各专业验收规范是各分项工程质量验收指标的具体内容，因此应用标准时必须相互协调，同时满足二者的要求。

此外，验收统一标准及专业验收规范体系的落实和执行，还需要有关标准的支持，如建筑施工所用的材料及半成品、成品，对其材质及性能要求，要依据国家和有关部门颁发的技术标准进行检测和验收。其支持体系见图 3-1 工程质量验收规范支持体系示意图。

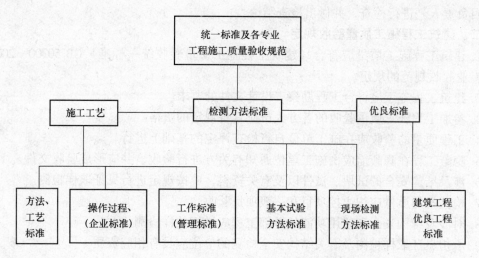

图 3-1 工程质量验收规范支持体系示意图

第二节　建筑工程施工质量验收的基本规定

一、建筑工程施工质量管理要求

施工现场质量管理应有相应的施工技术标准、健全的质量管理体系、施工质量检验制度和综合施工质量水平评价考核制度，并做好施工现场质量管理检查记录。

1. 有标准

施工现场必须具备相应的施工技术标准，这是抓好工程质量的最基本要求。

2. 有体系

要求每一个施工现场，都要树立靠体系管理质量的观念，并从组织上加以落实。施工单位应推行生产控制和合格控制的全过程质量控制，应有健全的生产控制和合格控制的质量管理体系。注意这条要求的内涵是不仅要有体系，而且这个体系还要有效运行，即应该发挥作用。施工单位必须建立起内部自我完善机制，只有这样，施工单位的管理水平才能不断提高。这种自我完善机制主要是：施工单位通过内部的审核与管理者评审，找出质量管理体系中存在的问题和薄弱环节，并制订改进的措施和跟踪检查落实，使单位和项目的质量管理体系不断健全和完善。这项机制，是一个施工单位不断提高工程施工质量的基本保证。因此，无论是否贯标认证，都要树立靠体系管质量的观念。

3. 有制度

建筑工程施工中必须制度健全。这种制度应该是一种"责任制度"。只有建立起必要的质量责任制度，才能对建筑工程施工的全过程进行有效的控制。

这里所说的制度，应包括原材料控制、工艺流程控制、施工操作控制、每道工序质量检查、各道相关工序间的交接检验以及专业工种之间等中间交接环节的质量管理和控制要求等制度，此外还应包括满足施工图设计和功能要求的抽样检验制度等。施工单位从施工技术、管理制度、工程质量控制和工程实际质量等方面制定企业综合质量控制的指标，并形成制度，以达到提高整体素质和经济效益的目的。

施工现场质量管理检查记录应由施工单位按附录表 A 填写，总监理工程师（建设单位项目负责人）进行检查，并做出检查结论。

二、建筑工程施工质量验收规定

1. 建筑工程施工质量应符合《建筑工程施工质量验收统一标准》GB 50300—2001 和相关专业验收规范的规定。
2. 建筑工程施工应符合工程勘察、设计文件的要求。
3. 参加工程施工质量验收的各方人员应具备规定的资格。
4. 工程质量的验收应在施工单位自行检查评定的基础上进行。
5. 隐蔽工程在隐蔽前应由施工单位通知有关方进行验收，并应形成验收文件。
6. 涉及结构安全的试块、试件以及有关资料，应按规定进行见证取样检测。
7. 检验批的质量应按主控项目和一般项目验收。
8. 对涉及结构安全和使用功能的分部工程应进行抽样检测。
9. 承担见证取样检测及有关结构安全检测的单位应具有相应资质。
10. 工程的观感质量应由验收人员通过现场检查共同确认。

三、检验批质量检验的抽样方法

合理的抽样方案对检验批的质量验收有十分重要的影响。因各专业"质量验收规范"的情况不同，使用同一种方法是不可能的，故提出 5 种类型抽样方案供选择。

1. 计量、计数或计量-计数等抽样方案。
2. 一次、二次或多次抽样方案。
3. 根据生产连续性和生产控制稳定性情况，尚可采用调整型抽样方案。
4. 对重要的检验项目，当可采用简易快速的检验方法时，可选用全数检验方案。
5. 经实践检验有效的抽样方案。

四、检验批的抽样方案中有关规定

在制定检验批的抽样方案时，应考虑合理分配生产方风险（或错判概率 α）和使用方风险（或漏判概率 β）按下列要求采取：

1. 主控项目：对应于合格质量水平的 α 和 β 均不宜超过 5%。
2. 一般项目：对应于合格质量水平的 α 不宜超过 5%，β 不宜超过 10%。

第三节 建筑工程施工质量验收的划分

建筑工程质量验收应划分为单位（子单位）工程、分部（子分部）工程、分项工程和检验批。

一、施工质量验收层次划分的目的

施工质量验收涉及到建筑工程施工过程控制和竣工验收控制，是工程施工质量控制的重要环节，合理划分建筑工程施工质量验收层次是非常必要的。特别是不同专业工程的验收批如何确定，将直接影响到质量验收工作的科学性、经济性和实用性及可操作性。因此有必要建立统一的工程施工质量验收的层次。通过验收批和中间验收层次及最终验收单位的确定，对工程施工质量实施过程控制和终端把关，保证工程施工质量达到工程项目决策阶段所确定的质量目标和水平。

二、施工质量验收划分的层次

近年来，随社会经济的发展和施工技术的进步，建筑规模较大的单体工程和具有多种使用功能的综合性建筑物日益增多。由于这些工程的建设周期较长，工程建设中可能会出现建设资金不足，部分工程停缓建，或已建成部分提前投入使用或先将其中部分提前建成使用等情况，已发挥投资效益，再加之对规模特别大的工程一次验收也不方便等等，因此验收标准规定，可将此类工程划分为若干个子单位工程进行验收。同时为了更加科学地评价工程质量和验收，考虑到建筑物内部设施也越来越多样化，按建筑物的主要部位和专业来划分分部工程已不适应当前的要求，因此在分部工程中，按相近工作内容和系统划分为若干个子分部工程。每个子分部工程中包括若干个分项工程。每个分项工程中包含若干个检验批，检验批是工程施工质量验收的最小单位。

三、单位工程的划分

单位工程的划分应按下列原则确定：

1. 具备独立施工条件并能形成独立使用功能的建筑物及构筑物为一个单位工程。如一个学校中的一栋教学楼，某城市的广播电视塔等。

2. 规模较大的单位工程，可将其能形成独立使用功能的部分划分为一个子单位工程。子单位工程的划分一般可根据工程的建筑设计分区、使用功能的显著差异、结构缝的设置等实际情况，在施工前由建设、监理、施工单位自行商定，并据此收集整理施工技术资料和验收。

四、分部工程的划分

分部工程的划分应按下列原则确定：

1. 分部工程的划分应按专业性质、建筑部位确定。如建筑工程划分为地基与基础、主体结构、建筑装饰装修、建筑屋面、建筑给水排水及采暖、建筑电气、智能建筑、通风与空调、电梯等九个分部工程。

2. 当分部工程较大或较复杂时，可按施工程序、专业系统及类别等划分为若干个子分部工程。如智能建筑分部工程中就包含了火灾及报警消防联动系统、安全防范系统、综合布线系统、智能化集成系统、电源与接地、环境、住宅（小区）智能化系统等子分部工程。

五、分项工程的划分

分项工程应按主要工种、材料、施工工艺、设备类别等进行划分。如混凝土结构工程中按主要工种分为模板工程、钢筋工程、混凝土工程等分项工程；按施工工艺又分为预应力、现浇结构、装配式结构等分项工程。

建筑工程分部（子分部）工程、分项工程的具体划分见附录表B。

六、检验批的划分

分项工程可由一个或若干个检验批组成，检验批可根据施工及质量控制和专业验收需要按楼层、施工段、变形缝等进行划分。建筑工程的地基基础分部工程中的分项工程一般划分为一个检验批；有地下层的基础工程可按不同地下层划分检验批；屋面分部工程中的分项工程不同楼层屋面可划分为不同的检验批；单层建筑工程中的分项工程可按变形缝等划分检验批，多层及高层建筑建筑工程中主体分部的分项工程可按楼层或施工段来划分检验批；其他分部工程中的分项工程一般按楼层划分检验批；对于工程量较少的分项工程可统一化为一个检验批。安装工程一般按一个设计系统或组别划分为一个检验批。室外工程统一划分为一个检验批。散水、台阶、明沟等含在地面检验批中。

七、室外工程的划分

室外工程可根据专业类别和工程规模划分单位（子单位）工程。室外单位（子单位）工程、分部工程按附录表C采用。

第四节 建筑工程施工质量验收

一、检验批的质量验收

（一）检验批合格质量应符合下列规定

1. 主控项目和一般项目的质量经抽样检验合格。
2. 具有完整的施工操作依据、质量检查记录。

从上面的规定可以看出，检验批的质量验收包括了主控项目、一般项目的检验和质量资料的检查两方面的内容。

(二) 检验批质量验收

1. 资料检查

对检验批质量控制资料完整性检查,就是确认施工过程的质量控制是否符合规定要求,这是检验批合格的前提。所要检查的资料主要包括:

(1) 图纸会审、设计变更、洽商记录;

(2) 建筑材料、成品、半成品、建筑构配件、器具和设备的质量证明书及进场检(试)验报告;

(3) 工程测量、放线记录;

(4) 按专业质量验收规范规定的抽样检验报告;

(5) 隐蔽工程检查记录;

(6) 施工过程记录和施工过程检查记录;

(7) 新材料、新工艺的施工记录;

(8) 质量管理资料和施工单位操作依据等。

2. 主控项目和一般项目的检验

为确保工程质量,使检验批的质量符合安全和使用功能的基本要求,各专业质量验收规范对各检验批的主控项目和一般项目的子项目合格质量都给予明确规定。

(1) 主控项目。主控项目是保证工程安全和使用功能的重要检验项目,是对安全、卫生、环境保护和公众利益起决定性作用的检验项目,它决定该检验批的主要性能。如果达不到规定的质量指标,降低要求就相当于降低该工程项目的性能指标,就会严重影响工程的安全性能;如果提高要求就等于提高性能指标,就会增加工程造价。如混凝土、砂浆的强度等级是保证混凝土结构、砌体工程强度的重要性能,所以说是必须全部达到要求。

主控项目包括的内容主要有:

1) 重要材料、构件及配件、成品及半成品、设备性能及附件的材质、技术性能等。检查出厂证明及试验数据,如水泥、钢材的质量;预制楼板、墙板、门窗等构配件的质量;风机等设备的质量。检查出厂证明,其技术数据、项目符合有关技术标准规定。

2) 结构的强度、刚度和稳定性等检验数据、工程性能的检测。如混凝土、砂浆的强度;钢结构的焊缝强度;管道的压力试验;风管的系统测定与调整;电气的绝缘、接地测试;电梯的安全保护、试运转结果等。检查测试记录,其数据及项目要符合设计要求和相关验收规范规定。

3) 一些重要的允许偏差项目,必须控制在允许偏差限值之内。

对一些有龄期的检测项目,在其龄期不到,不能提供数据时,可先将其他评价项目先评价,并根据施工现场的质量保证和控制情况,暂时验收该项目,待检测数据出来后,再填入数据。如果数据达不到规定数值,以及对一些材料、构配件质量及工程性能的测试数据有疑问时,应进行复试、鉴定及实地检验。

(2) 一般项目。一般项目是除主控项目以外的检验项目,其条文也是应该达到的,只不过对影响工程安全和使用功能较小的少数条文可以适当放宽一些,这些条文虽不像主控项目那样重要,但对工程安全、使用功能、建筑美观都是有较大影响的。

一般项目包括的内容主要有:

1) 在一般项目中,允许有一定偏差的,如用数据标准判断,其偏差范围不得超过规定值。

2) 对不能确定偏差值而又允许出现一定缺陷的项目，则以缺陷的数量来区分。如砖砌体预埋拉结筋，其留置间距偏差；混凝土钢筋露筋，露出一定长度等。

3) 一些无法定量的而采用定性的项目。如碎拼大理石地面颜色协调，无明显裂缝和坑洼；油漆工程中，油漆的光亮和光滑项目；卫生器具给水配件安装项目，接口严密，启闭部分灵活；管道接口项目，无外露油麻等需要监理工程师来合理控制。

检验批的质量合格与否主要取决于对主控项目和一般项目的检验结果。主控项目是对检验批的基本质量起决定性影响的检验项目，因此必须全部符合有关专业工程验收规范的规定。这意味着主控项目不允许有不符合要求的检验结果，即这种项目的检查具有否决权。而其一般项目则可按专业规范的要求处理。

3．检验批的质量验收记录

检验批的质量验收记录由施工项目专业质量检查员填写，监理工程师（建设单位专业技术负责人）组织项目专业质量检查员等进行验收，并按附录表 D 记录。

二、分项工程质量验收

分项工程由一个或若干个检验批组成。分项工程合格质量的条件比较简单，即只要构成分项工程的各检验批的验收资料文件完整，并且均已验收合格，则分项工程验收合格。

1．分项工程质量验收合格应符合下列规定

(1) 分项工程所含的检验批均应符合合格质量规定。

(2) 分项工程所含的检验批的质量验收记录应完整。

分项工程质量的验收是在检验批验收的基础上进行的，是一个统计过程，有时也有一些直接的验收内容，所以在验收分项工程时应注意：

(1) 核对检验批的部位、区段是否全部覆盖分项工程的范围，有没有缺漏的部位没有验收到。

(2) 一些在检验批中无法检验的项目，在分项工程中直接验收。如砖砌体工程中的全高垂直度、砂浆强度的评定等。

(3) 检验批验收记录的内容及签字人是否正确、齐全。

2．分项工程质量验收记录

分项工程质量应由监理工程师（建设单位项目专业技术负责人）组织项目专业技术负责人等进行验收，并按附录表 E 记录。

三、分部（子分部）工程质量验收

分部、子分部工程的验收内容、程序都是一样的，在一个分部工程中只有一个子分部工程时，子分部就是分部工程。当不是一个子分部工程时，可以一个子分部、一个子分部地进行质量验收。

（一）分部（子分部）工程质量验收合格应符合下列规定

1．分部（子分部）工程所含分项工程的质量均应验收合格

(1) 检查每个分项工程验收是否正确。

(2) 注意查对所含分项工程，有没有漏、缺的分项工程没有归纳进来，或是没有进行验收。

(3) 注意检查分项工程的资料完整不完整，每个验收资料的内容是否有缺漏项，以及

分项验收人员的签字是否齐全及符合规定。

2．质量控制资料应完整

本项验收内容，就是对验收资料的统计、归纳和核查，主要包括以下三个方面的资料：

（1）核查和归纳各检验批的验收记录资料，查对其是否完整。

（2）检验批验收时，应具备的资料应准确完整才能验收。在分部、子分部工程验收时，主要是核查和归纳各检验批的施工操作依据、质量检查记录，查对其是否配套完整，包括有关施工工艺（企业标准）、原材料、构配件出厂合格证及按规定进行的试验资料的完整程度。一个分部、子分部工程能否具有数量和内容完整的质量控制资料，是验收规范指标能否通过验收的关键，但在实际工程中，有时资料的类别、数量会有欠缺，不够完整，要靠验收人员来掌握其程度，具体操作可参照单位工程的做法。

（3）注意核对各种资料的内容、数据及验收人员的签字是否规范等。

3．地基与基础、主体结构设备安装分部工程有关安全及功能的检测和抽样检测结果应符合有关规定

本项验收内容，包括安全及功能两个方面的检测资料。检测项目在各专业质量验收规范中已有明确规定，验收时应注意三个方面的工作：

（1）检查各规范中规定的检测项目是否都进行了验收，不能进行检测的项目应该说明原因。

（2）检查各项检测记录（报告）的内容、数据是否符合要求，包括检测项目的内容，所遵循的检测方法标准、检测结果的数据是否达到规定的标准。

（3）核查资料的检测程序、有关取样人、检测人、审核人、试验负责人，以及公章签字是否齐全等。

4．观感质量验收应符合要求

观感质量评价：是工程的一项重要评价工作，是全面评价一个分部、子分部、单位工程的外观及使用功能质量的必要手段与过程，它可以促进施工过程的管理、成品保护，提高社会效益和环境效益。

分部工程的验收在其所含各分项工程验收的基础上进行。首先，分部工程的各分项工程必须已验收，且相应的质量控制资料文件必须完整，这是验收的基本条件。此外，由于各分项工程的性质不尽相同，因此作为分部工程不能简单的组合而加以验收，尚须增加以下两类检查。

涉及安全和使用功能的地基基础、主体结构、有关安全及重要使用功能的安装分部工程，应进行有关见证取样送样试验或抽样检测。如建筑物垂直度、标高、全高测量记录，建筑物沉降观测测量记录，给水管道通水试验记录，暖气管道、散热器压力试验记录，照明动力全负荷试验记录等。

关于观感质量验收，这类检查往往难以定量，只能以观察、触摸或简单量测的方式进行，并由各个人的主观印象判断，检查结果并不给出"合格"或"不合格"的结论，而是综合给出质量评价。评价的结论为"好"、"一般"和"差"三种。

（1）在进行检查时，要注意一定要在现场，将工程的各个部位全部看到，能操作的应操作，观察其方便性、灵活性或有效性等；能打开观看的应打开观看，不能只看"外观"，

应全面了解分部（子分部）的实物质量。

（2）评价标准由检查评价人员宏观掌握，如果没有较明显达不到要求的，就可以评一般；如果某些部位质量较好，细部处理到位，就可评好；如果有的部位达不到要求，或有明显的缺陷，但不影响安全或使用功能的，则评为差。评为差的项目能进行返修的应进行返修，不能返修的只要不影响结构安全和使用功能的可通过验收。有影响安全或使用功能的项目，不能评价，应修理后再评价。

观感质量验收评价时，首先施工单位应自行检查，合格后由监理单位来验收，参加评价的人员必须具有相应的资格，由总监理工程师组织，不少于三位监理工程师来检查，在听取其他参加人员的意见后，共同做出评价，但总监理工程师的意见应为主导意见。在做评价时，可分项目逐点评价，也可按项目进行综合评价，最后对分部（子分部）做出评价验收结论。

（二）分部（子分部）工程质量验收记录

分部（子分部）工程质量应由总监理工程师（建设单位项目专业负责人）组织施工项目经理和有关勘察、设计单位项目负责人进行验收，并按附录表F记录。

四、单位（子单位）工程质量验收

单位工程质量验收为强制性条文，目的是对工程交付使用前最后一道工序把好关，应引起参与建设的各方责任主体和有关单位及人员的足够重视。单位（子单位）工程质量验收，总体上讲还是一个统计性的审核和综合性的评价，是通过核查分部（子分部）工程验收质量控制资料、有关安全、功能检测资料、进行必要的主要功能项目的复核及抽测，以及总体工程观感质量的现场实物质量验收。单位工程质量验收也称质量竣工验收，是建筑工程投入使用前的最后一次验收，也是最重要的一次验收。

（一）单位（子单位）工程质量验收合格应符合下列规定

1. 单位（子单位）工程所含分部（子分部）工程的质量应验收合格

（1）核查各分部工程中所含的子分部工程验收是否齐全。

（2）核查各分部、子部分工程质量验收记录表的质量评价是否齐全、完整。

（3）核查各分部、子分部工程质量验收记录表的验收人员是否是规定的有相应资质的技术人员，并进行了评价和签认。

2. 质量控制资料应完整

单位（子单位）工程质量验收应加强建筑结构、设备性能、使用功能方面主要技术性能的检验。总承包单位应将各分部、子分部工程应有的质量控制资料进行核查，图纸会审及变更记录、定位测量放线记录、施工操作依据、原材料、构配件等质量证书、按规定进行检验的检测报告、隐蔽工程验收记录、施工中有关施工试验、测试、检验以及抽样检测项目的检测报告等，由总监理工程师进行核查确认，可按单位工程所包含的分部、子分部工程分别核查，也可综合抽查。每个检验批规定了"主控项目"，并提出了主要技术性能的要求，但检查单位工程的质量控制资料时，应对主要技术性能进行系统的核查。如一个空调系统只有分部、子部分工程全部完成后才能进行综合调试，取得需要的检验数据。

施工操作工艺、企业标准、施工图纸及设计文件、工程技术资料和施工过程的见证记录，是企业管理的重要组成部分，必须齐全完整。

单位工程质量控制资料是否完整，通常可按以下三个层次进行判定：

(1) 已发生的资料项目必须有。
(2) 在每个项目中该有的资料必须有，没有发生的资料应该没有。
(3) 在每个资料中该有的数据必须有。

因工程项目的具体情况不同，资料是否完整，要视工程特点和已有资料的情况而定，总之，验收人员应掌握的关键一点，是看其工程的结构安全和使用功能是否达到设计要求。如果资料能保证该工程结构安全和使用功能，能达到设计要求，则可认为是完整。否则，不能判为完整。

3．单位（子单位）工程所含分部工程有关安全和功能的检验资料应完整

本项指标内容目的是确保工程的安全和使用功能。在分部、子分部工程中提出了一些检测项目，在分部、子分部工程检查和验收时，应进行检测来保证和验证工程的综合质量和最终质量。这种检测（检验）应由施工单位来检测，检测过程中可请监理工程师或建设单位有关负责人参加监督检测工作，达到要求后，并形成检测记录签字认可。在单位工程、子单位工程验收时，监理工程师应对各分部、子分部工程应检测的项目进行核对，对检测资料的数量、数据及使用的检测方法标准、检测程序进行核查，以及核查有关人员的签认情况等。核查后，将核查的情况填入单位（子单位）工程安全和功能检测资料核查和主要功能抽查记录表。并对该项内容做出通过或不通过的结论。

4．主要功能项目的抽查结果应符合相关专业质量验收规范的规定

主要功能项目抽查的目的是综合检验工程质量能否保证工程的功能，满足使用要求。本项抽查检测的多数内容主要还是以复查和验证为主。主要功能抽测项目已在各分部、子分部工程中列出，有的是在分部、子分部工程完成后进行检测，有的还要待相关分部、子分部工程完成后才能检测，有的则需要待单位工程全部完成后进行检测。这些检测项目应在单位工程完工，施工单位向建设单位提交工程验收报告之前全部进行完毕，并将检测报告写好。建设单位组织单位工程验收时，抽测什么项目，一般由验收委员会（验收组）来确定。但其项目应在单位（子单位）工程安全和功能检测资料核查和主要功能抽查记录表中所含项目，不能随便提出其他项目。如需要做表中未有的检测项目时，应经过专门研究来确定。通常监理单位应在施工过程中，提醒将抽测的项目在分部、子分部工程验收时抽测。多数情况是施工单位检测时，监理、建设单位都参加，不再重复检测，防止造成不必要的浪费及对工程的损害。

通常主要功能抽测项目，应为有关项目最终的综合性的使用功能，如室内环境检测、屋面淋水检测、用电设备全负荷试验检测、智能建筑系统运行等。只有最终抽测项目效果不符合验收标准要求，必须进行中间过程有关项目的检测时，要与有关单位共同制订检测方案，并要制订完善的成品保护措施，主要功能抽测项目的进行，以不损坏建筑成品为原则。

5．观感质量验收应符合要求

对单位工程进行严格、系统地检查，可全面地衡量单位工程质量的实际情况，突出对工程整体检验和对用户负责的观点。分项、分部工程的验收，对其本身来讲是属产品检验，只有单位工程的验收，才是最终建筑产品的验收。

观感质量检查绝不是单纯的外观检查，而是实地对工程的一个全面检查，核实质量控制资料，核查分项、分部工程验收的正确性，对在分项工程中不能检查的项目进行检查

等。如工程完工，绝大部分的安全可靠性能和使用功能已达到要求，但出现不应出现的裂缝和严重影响使用功能的情况，应该首先弄清原因，然后再评价。地面严重空鼓、起砂、墙面空鼓粗糙、门窗开关不灵、关闭不严等项目的质量缺陷很多，就说明在分项、分部工程验收时，掌握标准不严。分项、分部无法测定和不便测定的项目，在单位工程观感评价中，给予核查。如建筑物的全高垂直度、上下窗口位置偏移及一些线角顺直等项目，只有在单位工程质量最终检查时，才能了解的更确切。

其评价方法同分部、子分部工程观感质量验收项目。

（二）单位（子单位）工程质量竣工验收记录

附录表 G1 为单位工程质量验收汇总表，单位（子单位）工程质量验收应按附录表 G1 记录。本表与附录表 F 分部（子分部）工程验收记录和附录表 G2 单位（子单位）工程质量控制资料核查记录、附录表 G3 单位（子单位）工程安全和功能检验资料核查及主要功能抽查记录、附录表 G4 单位（子单位）工程观感质量检查记录配合使用。

单位（子单位）工程质量验收记录由施工单位填写，验收结论由监理（建设）单位填写。综合验收结论由参加验收各方共同商定，建设单位填写，应对工程质量是否符合设计和规范要求及总体质量水平做出评价。

五、工程施工质量不符合要求时的处理

施工质量不合格现象在检验批的验收时应及时发现并妥善处理，所有质量隐患必须尽快消灭在初始状态，否则将影响后续检验批和相关的分项工程、分部工程的验收。验收标准第 5.0.6 条、5.0.7 条规定了建筑工程质量不符合要求时，应按规定进行处理，共规定了五种情况，前三种是能通过正常验收的。第四种是特殊情况的处理，虽达不到验收规范的要求，但经过加固补强等措施能保证结构安全或使用功能，建设单位与施工单位可以协商，根据协商文件进行验收，是让步接受或有条件验收。第五种情况是不能验收，通常这样的事故是发生在检验批。造成不符合规定的原因很多，有操作技术方面的，也有管理不善方面的，还有材料等质量方面的。因此，一旦发现工程质量任何一项不符合规定时，必须及时组织有关人员，查找分析原因，并按有关技术管理规定，通过有关方面共同商定补救方案，及时进行处理。经处理后的工程，再进行质量验收。当建筑工程质量不符合要求时可按下述规定进行处理：

1. 经返工重做或更换器具、设备的检验批，应重新进行验收

当检验批在进行验收时发现主控项目不能满足验收规范规定或一般项目超过偏差限值，或某个检验批中的子项不符合检验规定的要求时，应及时进行处理。其中，严重的缺陷应推倒重来；一般的缺陷通过返修或更换器具、设备予以解决，应允许施工单位在采取相应的措施后重新验收。如能够符合相应的专业工程质量验收规范，则应认为该检验批合格。

2. 经有资质的检测单位鉴定达到设计要求的检验批，应予以验收

这种情况是指个别检验批发现试块强度等不满足要求等问题，难以确定是否验收时，应委托具有资质的法定检测单位检测，当鉴定结果能够达到设计要求时，该检验批应允许通过验收。

3. 经有资质的检测单位鉴定达不到设计要求但经原设计单位核算认可能满足结构安全和使用功能的检验批，可予以验收

一般情况下，规范标准给出了满足安全和功能的最低限度要求，而设计往往在此基础上留有一些余量，出现两者限值不完全相符的现象。这种不满足设计要求和符合相应规范标准要求的情况，两者并不矛盾。如原设计计算混凝土强度为27MPa，而选用了C30级混凝土，经检测的结果是29MPa，虽未达到C30级的要求，但仍能大于27MPa是安全的。又如某五层砖混结构，一、二、三层用M10砂浆砌筑，四、五层为M5砂浆砌筑。在施工过程中，由于管理不善等，其三层砂浆强度仅达到7.4MPa，没有达到设计要求。按规定没有达到设计要求，但经过原设计单位验算，砌体强度尚可满足结构安全和使用功能，可不返工和加固。这种情况下，由设计单位出具正式的认可证明，由注册结构工程师签字，并加盖单位公章，质量责任由设计单位承担，可进行验收。

4. 经返修或加固的分项、分部工程，虽然改变外形尺寸但仍能满足安全使用要求，可按技术处理方案和协商文件进行验收

这种情况是指更为严重缺陷或范围超过检验批的更大范围内的缺陷可能影响结构的安全性和使用功能。如经法定检测单位检测鉴定以后认为达不到规范标准的相应要求，即不能满足最低限度的安全储备和使用功能，则必须按一定的技术方案进行加固处理，使之能保证其满足安全使用的基本要求。经过验算和事故分析，找出事故原因，分清质量责任，同时，经过建设单位、施工单位、监理单位、设计单位等协商，是否同意进行加固补强，并协商好加固费用的来源，加固后的验收等事宜，由原设计单位出具加固技术方案，通常由原施工单位进行加固，虽然改变了个别建筑构件的外形尺寸，或留下永久性缺陷，包括改变工程的用途在内，应按协商文件验收，也是有条件的验收，由责任方承担经济损失或赔偿等。这种情况实际是工程质量达不到验收规范的合格规定，应算在不合格工程的范围。但在《条例》的第24条、第32条等条都对不合格工程的处理做出了规定，根据这些条款，提出技术处理方案（包括加固补强），最后能达到保证安全和使用功能，也是可以通过验收的。为了避免造成巨大经济损失，不能出了质量事故的工程都推倒报废。只要能保证结构安全和使用功能的，仍作为特殊情况进行验收。

5. 通过返修或加固仍不能满足安全使用要求的分部工程、单位（子单位）工程，严禁验收

6. 做好原始记录

经处理的工程必须有详尽的记录资料，包括处理方案等原始数据应齐全、准确，原始记录资料能确切说明问题的演变过程和结论，这些资料不仅应纳入工程质量验收资料中，还应纳入单位工程质量事故处理资料中。对协商验收的有关资料，要经监理单位的总监理工程师签字验收，并将资料归纳在竣工资料中，以便在工程使用、管理、维修及改建、扩建时作为参考依据等。

第五节 建筑工程施工质量验收的程序和组织

一、建筑工程质量验收的基本程序与组织原则

（一）验收程序

为了方便工程的质量管理，根据建筑工程特点，把其划分为检验批、分项、分部（子分部）和单位（子单位）工程。验收的顺序首先验收检验批、或者是分项工程质量验收，

再验收分部（子分部）工程质量、最后验收单位（子单位）工程的质量。

对检验批、分项工程、分部（子分部）工程、单位（子单位）工程的质量验收，都是先由施工单位自我检查评定后，再由监理或建设单位进行验收。

（二）验收组织

验收统一标准规定，检验批、分项工程由专业监理工程师、建设单位项目技术负责人组织施工单位的项目专业技术负责人等进行验收。分部工程、子分部工程由总监理工程师、建设单位项目负责人组织施工单位项目负责人（项目经理）和技术、质量负责人及勘察、设计单位工程项目负责人参加验收。竣工验收由建设单位组织验收。

（三）施工单位自检

标准规定工程质量的验收应在班组、企业自行检查评定合格的基础上，由监理工程师或总监理工程师组织有关人员进行验收。

工程质量验收首先是班组在施工过程中的自我检查，自我检查就是按照施工操作工艺的要求，边操作边检查，将有关质量要求及误差控制在规定的限值内。自检主要是在本班组（本工种）范围内进行，由承担检验批、分项工程的工种工人和班组等参加。自检、互检是班组在分项（或分部）工程交接（检验批、分项工程完工或中间交工验收）前，由班组先进行的检查；也可是分包单位在交给总包之前，由分包单位先进行的检查；还可以是由单位工程项目经理（或企业技术负责人）组织有关班组长（或分包）及有关人员参加的交工前的检查，对单位工程的观感和使用功能等方面易出现的质量疵病和遗留问题，尤其是各工种、分包之间的工序交叉可能发生建筑成品损坏的部位，均要及时发现问题及时改进，力争工程一次验收通过。

交接检是各班组之间，或各工种、各分包之间，在工序、检验批、分项或分部工程完毕之后，下一道工序、检验批、分项或分部（子分部）工程开始之前，共同对前一道工序、检验批、分项或分部（子分部）工程的检查，经后一道工序认可，并为他们创造了合格的工作条件。例如，基础公司把桩基交给承担主体结构施工的公司；瓦工班组把某层砖墙交给木工班组支模；木工班组把模板交给钢筋班组绑扎钢筋；钢筋班组把钢筋交给混凝土班组浇筑混凝土；建筑与结构施工队伍把主体工程（标高、预留洞、预埋铁件）交给安装队安装水电等等。交接检通常由工程项目经理（或项目技术负责人）主持，由有关班组长或分包单位参加，其实是下道工序对上道工序质量的验收，也是班组之间的检查、督促和互相把关。交接检是保证下一道工序顺利进行的有力措施，也有利于分清质量责任和成品保护，也可以防止下道工序对上道工序的损坏。

施工企业对检验批、分项工程、分部（子分部）工程、单位（子单位）工程，都应按照企业标准检查评定合格之后，将各验收记录表填写好，再交监理单位（建设单位）的监理工程师、总监理工程师进行验收。企业的自我检查评定是工程验收的基础。

（四）监理单位（建设单位）的验收

施工企业的质量检查人员（包括各专业的项目质量检查员），将企业检查评定合格的检验批、分项工程、分部（子分部）工程、单位（子单位）工程，填好表格后及时交监理单位，对一些政策允许的建设单位自行管理的工程，应交建设单位。监理单位或建设单位的有关人员应及时组织有关人员到工地现场，对该项工程的质量进行验收。监理或建设单位应加强施工过程的检查监督，对工程质量进行全面了解，验收时可采取抽样方法、宏观检查的方法，必要时进行抽样检测，来确定是否通过验收。由于监理人员或建设单位的现场质量检查人员，在施工过程中是进行旁站、平行或巡视检查，根据自己对工程质量了解的程度，对检验批的质量，可以抽样检查或抽取重点部位或是你认为有必要查的部位进行检查。

在对工程进行检查后，确认其工程质量符合标准规定，由有关人员签字认可。

二、检验批及分项工程的验收程序与组织

检验批及分项工程应由监理工程师（建设单位项目技术负责人）组织施工单位项目专业质量（技术）负责人等进行验收。

检验批和分项工程是建筑工程施工质量基础，因此，所有检验批和分项工程均应由监理工程师或建设单位项目技术负责人组织验收。验收前，施工单位先填好"检验批和分项工程的验收记录"（有关监理记录和结论不填），并由项目专业质量检验员和项目专业技术负责人分别在检验批和分项工程质量检验记录中相关栏目中签字，然后由监理工程师组织，严格按规定程序进行验收。

三、分部工程的验收程序与组织

分部工程应由总监理工程师（建设单位项目负责人）组织施工单位项目负责人和技术、质量负责人等进行验收；由于地基与基础、主体结构技术性能要求严格，关系到整个工程的安全，因此规定与地基基础、主体结构分部工程相关的勘察、设计单位工程项目负责人和施工单位技术、质量部门负责人也应参加相关分部工程验收。

四、单位（子单位）工程的验收程序与组织

（一）竣工预验收的程序

单位工程达到竣工验收条件后，施工单位在自查、自评工作完成情况下，填写工程竣工报验单，并将全部竣工资料报送项目监理机构，申请竣工验收。总监理工程师应组织各专业监理工程师对竣工资料及各专业工程的质量情况进行全面检查，对检查出的问题，应督促施工单位及时整改。对需要进行功能试验的项目（包括单机试车和无负荷试车），监理工程师应督促施工单位及时进行试验，并对重要项目进行监督、检查，必要时请建设单位和设计单位参加；监理工程师应认真审查试验报告单并督促施工单位搞好成品保护和现场清理。

经项目监理机构对竣工资料及实物全面检查、验收合格后，由总监理工程师签署工程竣工报验单，并向建设单位提出质量评估报告。

（二）正式验收的程序

建设单位收到工程验收报告后，应由建设单位（项目）负责人组织施工（含分包单位）、设计、监理等单位（项目）负责人进行单位（子单位）工程验收。单位工程由分包单位施工时，分包单位对所承包的工程项目应按规定的程序检查评定，总包单位应派人参加。分包工程完成后，应将工程有关资料交总包单位。建设工程经验收合格的，方可交付使用。

建设工程竣工验收应当具备下列条件：

1. 完成建设工程设计和合同约定的各项内容；
2. 有完整的技术档案和施工管理资料；
3. 有工程使用的主要建筑材料、建筑构配件和设备的进场试验报告；

4. 有勘察、设计、施工、工程监理等单位分别签署的质量合格文件；

5. 有施工单位签署的工程保修书。

在一个单位工程中，对满足生产要求或具备使用条件，施工单位已预验，监理工程师已初验通过的子单位工程，建设单位可组织进行验收。有几个施工单位负责施工的单位工程，当其中的施工单位所负责的子单位工程已按设计完成，并经自行检验，也可组织正式验收，办理交工手续。在整个单位工程进行全部验收时，已验收的子单位工程验收资料应作为单位工程验收的附件。

在竣工验收时，对某些剩余工程和缺陷工程，在不影响交付的前提下，经建设单位、设计单位、施工单位和监理单位协商，施工单位应在竣工验收后的限定时间内完成。

参加验收各方对工程质量验收意见不一致时，可请当地建设行政主管部门或工程质量监督机构协调处理。

五、单位工程竣工验收备案

单位工程质量验收合格后，建设单位应在规定时间内将工程竣工验收报告和有关文件报建设行政管理部门备案。

1. 凡在中华人民共和国境内新建、扩建、改建各类房屋建筑工程和市政基础设施工程的竣工验收，均应按有关规定进行备案。

2. 国务院建设行政主管部门和有关专业部门负责全国工程竣工验收的监督管理工作。县级以上地方人民政府建设行政主管部门负责本行政区域内工程的竣工验收备案管理工作。

六、工程项目的交接

工程项目竣工和交接是两个不同的概念。所谓竣工是针对承包单位而言，它有以下几层含义：第一，承包单位按合同要求完成了工作内容；第二，承包单位按质量要求进行了自检；第三，项目的工期、进度、质量均满足合同的要求。工程项目交接则是由监理工程师对工程的质量进行验收之后，协助承包单位与业主进行移交项目所有权的过程。能否交接取决于承包单位所承包的工程项目是否通过了竣工验收。因此，交接是建立在竣工验收基础上的时间过程。

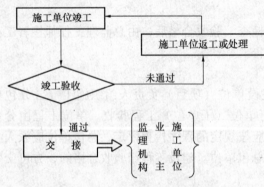

图 3-2 竣工、竣工验收和交接关系图

竣工、竣工验收、交接三者间的关系如图 3-2 所示。

工程项目经竣工验收合格后，便可办理工程交接手续，即将工程项目的所有权移交给建设单位。交接手续应及时办理，以便使项目早日投产使用，充分发挥投资效益。

在办理工程项目交接前，施工单位要编制竣工结算书，以此作为向建设单位结算最终拨付的工程价款。而竣工结算书通过监理工程师审核、确认并签证后，才能通知建设银行与施工单位办理工程价款的拨付手续。

在工程项目交接时，还应将成套的工程技术资料进行分类整理、编目建档后移交给建设单位，同时，施工单位还应将在施工中所占用的房屋设施等进行维修清理后全部予以移交。

思考题与习题

1. 建筑工程施工质量验收的主控项目和一般项目的含义？
2. 建筑工程施工质量验收有哪些基本规定？
3. 建筑工程施工质量验收划分为哪几个层次，划分原则是什么？
4. 试说明单位（子单位）工程的验收程序与组织。
5. 试说明当建筑工程质量不符合要求时应如何进行处理。
6. 工程项目竣工验收资料应包含哪些内容？

第四章 工程施工质量问题和质量事故的处理

建筑工程施工项目由于具有产品固定，生产流动；产品多样，结构类型不一；露天作业多，自然条件（地质、水文、气象、地形等）多变；材料品种、规格不同，材料性质各异；交叉施工，现场配合复杂；工艺要求不同，技术标准不一等特点，因此，对质量影响的因素繁多，在施工过程中稍有疏忽，就极易引起系统性因素的质量变异，而产生质量问题或严重的工程质量事故。为此，必须采取有效措施，对常见的质量问题事先加以预防，对出现的质量事故应及时进行分析和处理。

根据国际标准化组织（ISO）和我国有关质量、质量管理和质量保证标准的定义，凡工程产品质量没有满足某个规定的要求，就称之为质量不合格；而没有满足某个预期的使用要求或合理的期望（包括与安全性有关的要求），则称之为质量缺陷。在建设工程中通常所称的工程质量缺陷，一般是指工程不符合国家或行业现行有关技术标准、设计文件及合同中对质量的要求。

凡是由于工程质量不合格、质量缺陷，必须进行返修、加固或报废处理，并造成或引发经济损失、工期延误或危及人的生命和社会正常秩序的事件，当造成的直接经济损失低于 5000 元时称为工程质量问题；直接经济损失在 5000 元（含 5000 元）以上的称为工程质量事故。

由于影响工程质量的因素众多而且复杂多变，难免会出现某种质量事故或不同程度的质量缺陷。工程监理人员应学会区分工程质量不合格、质量问题和质量事故，准确掌握处理工程质量不合格和工程质量问题、工程质量事故的基本方法和程序。在工程质量事故处理过程中正确对待有关各参建方，并应掌握工程质量事故处理方案的确定基本方法和处理结果的鉴定验收程序。

监理工作中质量控制重点之一是加强质量风险分析，及早制定对策和措施，重视工程质量事故的防范和处理，避免已发生的质量问题和质量事故进一步恶化和扩大。因此，处理好工程的质量事故，认真分析原因、总结经验教训、改进质量管理与质量保证体系，使工程质量事故减少到最低程度，是质量监理的一个重要内容与任务。

第一节 工程质量问题及处理

一、工程质量问题的成因

（一）常见问题的成因

由于建筑工程工期较长，所用材料品种繁杂，在施工过程中，受社会环境和自然条件方面异常因素的影响，使产生的工程质量问题表现形式千差万别，类型多种多样。虽然每次发生质量问题的类型各不相同，但是通过对大量质量问题调查与分析发现，其发生的原因有不少相同或相似之处，归纳其最基本的因素主要有以下几方面：

1．违背建设程序

不按建设程序办事，例如，不经可行性论证，不做调查分析就拍板定案；没有搞清工程地质、水文地质就仓促开工；无证设计，无图施工，任意修改设计，不按图纸施工；工程竣工不进行试车运转、不经验收就交付使用等蛮干现象，致使不少工程项目留有严重隐患，房屋倒塌事故也常有发生。

2．违反法规行为

工程项目无证设计；无证施工；越级设计；越级施工；工程招、投标中的不公平竞争；超常的低价中标；非法分包；转包、挂靠；擅自修改设计等行为。

3．工程地质勘察失真

诸如，未认真进行地质勘察或勘探时钻孔深度、间距、范围不符合规定要求，地质勘察报告不详细、不准确、不能全面反映实际的地基情况等，从而使得地下情况不清，或对基岩起伏、土层分布误判，或未查清地下软土层、墓穴、孔洞等，它们均会导致采用不恰当或错误的基础方案，造成地基不均匀沉降、失稳，使上部结构或墙体开裂、破坏，或引发建筑物倾斜、倒塌等质量问题。

4．设计计算差错

设计考虑不周、盲目套用图纸、结构构造不合理、计算简图不正确、计算荷载取值过小、内力分析有误、沉降缝及伸缩缝设置不当、悬挑结构未进行抗倾覆验算等，都是引发质量问题的原因。

5．施工与管理不到位

不按图施工或未经设计单位同意擅自修改设计。例如，将铰接做成刚接，将简支梁做成连续梁，导致结构破坏；挡土墙不按图设滤水层、排水孔，导致压力增大，墙体破坏或倾覆；不按有关的施工规范和操作规程施工，浇筑混凝土时振捣不良，造成薄弱部位；砖砌体砌筑上下通缝、灰浆不饱满等均能导致砖墙或砖柱破坏。施工组织管理紊乱，不熟悉图纸，盲目施工；施工方案考虑不周，施工顺序颠倒；图纸未经会审，仓促施工；技术交底不清，违章作业；疏于检查、验收等，均可能导致质量问题。

6．使用不合格的原材料、制品及设备

（1）建筑材料及制品不合格。诸如，钢筋物理力学性能不良会导致钢筋混凝土结构产生裂缝；骨料中活性氧化硅会导致碱性骨料反应使混凝土产生裂缝；水泥安定性不合格会造成混凝土爆裂；水泥受潮、过期、结块，砂石含泥量及有害物含量超标，外加剂掺量等不符合要求时，会影响混凝土强度、和易性、密实性、抗渗性，从而导致混凝土结构强度不足、裂缝、渗漏等质量问题。此外，预制构件截面尺寸不足，支承锚固长度不足，未可靠地建立预应力值，漏放或少放钢筋，板面开裂等均可能出现断裂、坍塌。

（2）建筑设备不合格。如变配电设备质量缺陷导致自燃或火灾，电梯质量不合格危及人身安全，均可造成工程质量问题。

7．自然环境因素

施工项目周期长、露天作业多，空气温度、湿度、暴雨、大风、洪水、雷电、日晒和浪潮等均可能成为质量问题的诱因，施工过程中应采取有效的预防措施。

8．结构使用不当

对建筑物或设施使用不当也易造成质量问题。例如，未经校核验算就任意对建筑物加层，任意拆除承重结构部位，任意在结构物上开槽、打洞、削弱承重结构截面等也会引起质量问题。

(二) 成因分析方法

影响工程质量的因素众多，一个工程质量问题的实际发生，既可能因设计计算和施工图纸中存在错误，也可能因施工中出现不合格或质量问题，也可能因使用不当，或者由于设计、施工甚至使用、管理、社会体制等多种原因的复合作用。因此，必须对质量问题的特征表现，以及其在施工中和使用中所处的实际情况和条件进行具体分析。分析方法的基本步骤和要领概括如下：

1. 基本步骤

(1) 进行细致的现场调查研究，观察记录全部实况，充分了解与掌握引发质量问题的现象和特征。

(2) 收集调查与质量问题有关的全部设计和施工资料，分析摸清工程在施工或使用过程中所处的环境及面临的各种条件和情况。如所使用的设计图纸、施工情况、使用的材料情况、施工期间的环境条件及工程的运用情况等。

(3) 根据问题的现象及特征，找出可能产生质量问题的所有因素，结合当时在施工过程中所面临的各种条件和情况，分析、比较和判断，找出最可能造成质量问题的原因。

(4) 进行必要的计算分析或模拟试验予以论证确认。

2. 分析要领

分析的要领是逻辑推理法，其基本原理是：

(1) 原点分析，即确定质量问题的初始点，它是一系列独立原因集合起来形成的爆发点。因其反映出质量问题的直接原因，而在分析过程中具有关键性作用。

(2) 围绕原点对现场各种现象和特征进行分析，区别导致同类质量问题的不同原因，逐步揭示质量问题萌生、发展和最终形成的过程。

(3) 确定诱发质量问题的起源点即真正原因。工程质量问题原因分析是对一堆模糊不清的事物和现象的客观属性及其内在联系的反映，它的准确性和监理工程师的能力学识、经验和态度有极大关系，其结果不单是简单的信息描述，而是逻辑推理的产物，其推理可用于工程质量的事前控制。

【案例一】 某百货商店框架结构局部倒塌

吉林省图们市百货商店为3~4层现浇框架结构工程，在主体结构完成正在进行装修工程时，于1983年6月20日17时10分发生局部倒塌，倒塌面积989m^2，造成2人死亡，1人重伤。事故主要原因有以下六方面：

(1) 设计计算错误。包括荷载和内力计算错误，内力计算组合错误，框架配筋不足（最严重处配筋少45%）等。

(2) 施工图有差错。有的构造要求图纸中未交待清楚，如次梁的支承长度等，导致施工错误。

(3) 施工质量低劣。主要问题有：

1) 混凝土浇筑质量低劣：主要是框架柱有严重孔洞、烂根和出现蜂窝状疏松区段（50cm和100cm高的无水泥石子堆）。

2) 混凝土实际强度低：该工程大部分混凝土没有达到设计强度。

3) 砌筑工程质量差：砖与砌筑砂浆强度均未达到设计要求。砌体组砌方法不良，不符合施工规范的要求。例如很多部位砂浆不饱满，灰缝达不到规范要求，通缝较多等。设计要求埋置的拉结或加强钢筋，施工中漏放或少放。

(4) 施工实际荷载严重超过设计荷载。

1) 施工超载：三层屋顶的一部分在施工过程中作上料平台用，且堆料过多，倒塌时屋顶堆有脚手杆49根和屋面找坡用的炉渣堆等。

2) 构件超重：经检查大部分预制空心板都超厚，设计为18cm，实际为19~20.5cm。

3) 炉渣层超重：倒塌时正值雨季，连阴雨天使屋面炉渣层的含水率达饱和状态，炉渣的实际密度达$1037kg/m^2$，超过设计值30%。

(5) 乱改设计。未经设计单位同意，屋面坡度由2%改为4%；地面细石混凝土厚度由4cm改为6cm；水泥砂浆找平层由1.5cm改为3cm，这就使静荷载由原设计的$1392N/m^2$增加到$1911N/m^2$，比原设计增加37%。而四层则由$549N/m^2$增加到$1215N/m^2$，增加了120%。

(6) 施工管理失控。设计图存在问题不及时提出，盲目瞎干。钢筋位置不准，搭接长度不足。施工技术资料很不齐全，难以说明工程实际质量。

【案例二】 多层住宅整体倒塌

浙江常山县某住宅为五层半砖混结构工程（五层加2.15m层高的半地下室），建筑面积$2476m^2$。1994年5月开工，同年年底竣工，1995年6月验收，1997年7月12日9时30分左右整体倒塌，死亡36人，3人受伤。倒塌的主要原因为：

(1) 基础砖墙质量严重低劣。破坏现场可见砖及砂浆破坏后呈粉末状。其中主要因素有砖及砂浆实际强度低下，距离设计要求很远；长期受水浸泡。

(2) 乱改设计。施工时将底层的实地坪改为架空板，基础砖墙既无回填土，又无粉饰，长期受积水直接浸泡，基础砖墙强度大幅度降低。此外，因基础内侧没有回填土，对于基础砖砌体的稳定性和抗冲击能力也有明显影响。

(3) 洪灾影响。房屋倒塌前几天，即7月8日至10日，该县城遭受洪灾，倒塌的住宅所在地区的基础设施不配套，无截洪、排水设施，造成该住宅楼基础砖墙长期被浸泡，强度大幅度降低，稳定性严重削弱。

(4) 设计造价太低。县计委批准的该幢住宅的设计造价为280元/m^2，中标价219元/m^2，合同价252.2元/m^2（含水电）。据调查当地住宅的合理造价是330~360元/m^2。

(5) 设计问题。该住宅是微利房、安居工程，设计造价低，安全度也偏低，结构工程中存在明显的薄弱环节，例如标高±0.00m以下架空层部分承重砖砌体开洞，使短墙肢成为薄弱部位，事后验算这些部位的内力，已超过规范规定的砖砌体抗压强度设计值；又如该住宅砌体结构个别部位的承载力，只达到轴向力设计值的54%或40%。

(6) 施工企业质量管理失控。该工程没有施工组织设计。现场管理人员和施工操作人员水平低下，施工违反规范、规程的事例随处可见，例如使用无出厂合格证的砖，不仅其强度低下，远达不到设计要求，而且匀质性差，部分砖受水浸泡后呈粉末状破坏；又如砌筑砂浆中用石灰钙代替石灰膏，砂的含泥量高达31%；再如钢筋质量保证书与实际使用的不符，事故后抽检6种不同规格的钢筋，有5种不合格；还有混凝土、砂浆试块组数不足，送检的试块均是弄虚作假、吃"小灶"专做的假试块。此外还有混凝土与砂浆配合比不清，计量不控制，基础集中使用断砖，外墙转角处留直挂。更为严重的是施工企业偷工减料，例如混凝土条形基础设计高为350mm，实际只有250mm；室外散水坡至房屋倒塌时都未做等。

（7）质量监督机构工作失职。前期不能到位，后期严重失职，在没有严格监督的情况下核定该工程为合格。

（8）开发区管理问题。该住宅位于县城南经济开发区，一方面开发区权力过于集中，政府的一些管理职能不能到位，另一方面开发区自身管理十分混乱。倒塌的工程无土地使用审批手续，无规划建设许可证，初步设计未经审批，未作施工图交底。此外，开发区基本无规划，也不搞市政配套，没有防洪设施等等。

上述案例根据其造成的经济损失和后果，按规定属于质量事故问题，但无论是质量问题还是质量事故在成因上基本是相同的。通过以上案例不难看出，项目施工过程中如果缺少有效的工程监理监督，致使工程设计与施工质量无法控制，必将导致严重的质量事故产生。

二、工程质量问题的处理

在工程施工过程中，由于可能出现前述的诸多主观和客观原因，发生质量问题往往难以避免。为此，作为工程监理人员必须掌握如何防止和处理施工中出现的不合格项和各种质量问题，对已发生的质量问题，应掌握其正确的处理程序。

（一）处理方式

在各项工程的施工过程中或完工以后，现场监理人员如发现工程项目存在着不合格项或质量问题，应根据其性质和严重程度按如下方式处理：

（1）当发现质量问题是由施工引起并刚刚出现时，应及时制止，并要求施工单位立即更换不合格材料、设备或不称职人员，或要求施工单位立即改变不正确的施工方法和操作工艺。

（2）如因施工而引起的质量问题已出现，应立即向施工单位发出《监理通知》，要求其对质量问题进行补救处理，并采取足以保证施工质量的有效措施后，填报《监理通知回复单》报监理单位。

（3）当某道工序或分项工程完工以后，出现不合格项，监理工程师应填写《不合格项处置记录》，要求施工单位及时采取措施予以整改。监理工程师应对其补救方案进行确认，跟踪处理过程，对处理结果进行验收，否则不允许进行下道工序或分项工程的施工。

（4）在交工使用后的保修期内发现的施工质量问题，监理工程师应及时签发《监理通知》，指令施工单位进行修补、加固或返工处理。

（二）处理程序

工程监理人员发现工程质量问题后，应按以下程序进行处理，如图4-1所示。

1. 当发生工程质量问题时，监理工程师首先应判断其严重程度。对可以通过返修或返工弥补的质量问题可签发《监理通知》，责令施工单位写出质量问题调查报告，提出处理方案，填写《监理通知回复单》报监理工程师审核后，批复承包单位处理，必要时应经建设单位和设计单位认可，处理结果应重新进行验收。

2. 对需要加固补强的质量问题，或质量问题的存在影响下道工序和分项工程的质量时，应签发《工程暂停令》，指令施工单位停止有质量问题的部位和与其有关联部位及下

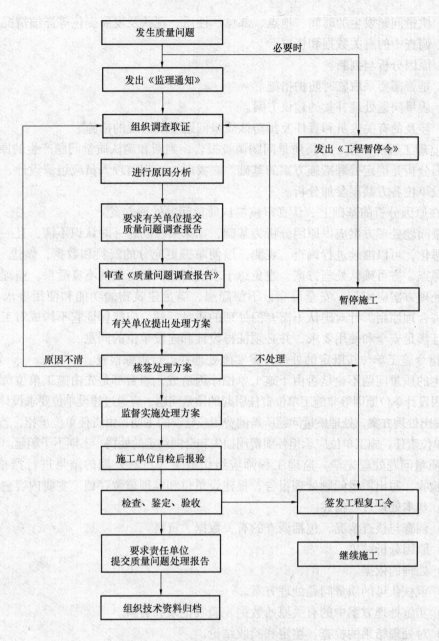

图 4-1 工程质量问题处理程序框图

道工序的施工。必要时,应要求施工单位采取防护措施,责成施工单位写出质量问题调查报告,由设计单位提出处理方案,并征得建设单位同意,批复承包单位处理。处理结果应重新进行验收。

3. 施工单位接到《监理通知》后,在监理工程师的组织参与下,尽快进行质量问题调查并完成报告编写。

调查的主要目的是明确质量问题的范围、程度、性质、影响和原因,为问题处理提供依据,调查应力求全面、详细、客观准确。调查报告主要内容应包括:

(1) 与质量问题相关的工程情况。

(2) 质量问题发生的时间、地点、部位、性质、现状及发展变化等详细情况。
(3) 调查中的有关数据和资料。
(4) 原因分析与判断。
(5) 是否需要采取临时防护措施。
(6) 质量问题处理补救的建议方案。
(7) 涉及的有关人员和责任及预防该质量问题重复出现的措施。

4. 监理工程师审核、分析质量问题调查报告，判断和确认质量问题产生的原因。

原因分析是确定处理措施方案的基础。必要时，工程监理人员应组织设计、施工、供货和建设单位各方共同参加分析。

5. 在原因分析的基础上，认真审核签认质量问题处理方案。

质量问题处理方案应以原因分析为基础，如果某些问题一时认识不清，且一时不致产生严重恶化，可以继续进行调查、观测，以便掌握更充分的资料和数据，做进一步分析，找出起源点，方可确认处理方案，避免急于求成造成反复处理的不良后果。监理工程师审核确认处理方案应牢记：安全可靠，不留隐患，满足建筑物的功能和使用要求，技术可行，经济合理原则。针对确认不需专门处理的质量问题，应能保证它不构成对工程安全的危害，且满足安全和使用要求，并必须征得设计和建设单位的同意。

6. 指令施工单位按既定的处理方案实施处理并进行跟踪检查。

发生的质量问题不论是否由于施工单位原因造成，通常都是先由施工单位负责实施处理。对因设计单位原因等非施工单位责任引起的质量问题，应通过建设单位要求设计单位或责任单位提出处理方案，处理质量问题所需的费用或延误的工期，由责任单位承担，若质量问题属施工单位责任，施工单位应承担各项费用损失和合同约定的处罚，工期不予顺延。

7. 质量问题处理完毕，监理工程师应组织有关人员对处理的结果进行严格的检查、鉴定和验收，写出质量问题处理报告，报建设单位和监理单位存档。主要内容包括：

(1) 基本处理过程描述。
(2) 调查与核查情况，包括调查的有关数据、资料。
(3) 原因分析结果。
(4) 处理的依据。
(5) 审核认可的质量问题处理方案。
(6) 实施处理方案中的有关原始数据、验收记录和资料。
(7) 对处理结果的检查、鉴定和验收结论。
(8) 质量问题处理结论。

第二节 工程质量事故的特点及分类

一、工程质量事故的成因及原因分析方法

工程质量事故是较为严重的工程质量问题，其成因及原因分析方法与工程质量问题基本相同，已在本章第一节中阐述，本节不再赘述。

二、工程质量事故的特点

通过对诸多工程质量事故案例调查、分析表明，其具有复杂性、严重性、可变性和多

发性的特点。

（一）复杂性

施工项目质量问题的复杂性，主要表现在引发质量问题的因素复杂，从而增加了对质量问题的性质、危害的分析、判断和处理的复杂性。例如建筑物的倒塌，可能是未认真进行地质勘察，地基的容许承载力与持力层不符；也可能是未处理好不均匀地基，产生过大的不均匀沉降；或是盲目套用图纸，结构方案不正确，计算简图与实际受力不符；或是荷载取值过小，内力分析有误，结构的刚度、强度、稳定性差；或是施工偷工减料、不按图施工、施工质量低劣；或是建筑材料及制品不合格，擅自代用材料等原因所造成。由此可见，即使同一性质的质量问题，原因有时截然不同。

（二）严重性

工程项目一旦出现质量事故，轻者影响施工顺利进行、拖延工期、增加工程费用，重者则会留下隐患成为危险的建筑，影响使用功能或不能使用，更严重的还会引起建筑物的失稳、倒塌，造成人民生命、财产的巨大损失。例如，1995年韩国汉城三峰百货大楼出现倒塌事故死亡达400余人，在国内外造成很大影响，甚至导致国内人心恐慌，韩国国际形象下降；1999年我国重庆市綦江县彩虹大桥突然整体垮塌，造成40人死亡，14人受伤，直接经济损失631万元，在国内一度成为人们关注的热点，引起全社会对建设工程质量整体水平的怀疑，构成社会不安定因素。所以对于建设工程质量问题和质量事故均不能掉以轻心，必须予以高度重视。

（三）可变性

许多工程的质量问题出现后，其质量状态并非稳定于发现的初始状态，而是有可能随着时间而不断地发展、变化。例如，桥墩的超量沉降可能随上部荷载的不断增大而继续发展；混凝土结构出现的裂缝可能随环境温度的变化而变化，或随荷载的变化及负担荷载的时间而变化等。因此，有些在初始阶段并不严重的质量问题，如不能及时处理和纠正，有可能发展成一般质量事故，一般质量事故有可能发展成为严重或重大质量事故。例如，开始时微细的裂缝有可能发展导致结构断裂或倒塌事故；土坝的涓涓渗漏有可能发展为溃坝。所以，在分析、处理工程质量问题时，一定要注意质量问题的可变性，应及时采取可靠的措施，防止其进一步恶化而发生质量事故；或加强观测与试验，取得数据，预测未来发展的趋势。

（四）多发性

施工项目中有些质量问题，就像"常见病"、"多发病"一样经常发生，而成为质量通病；如屋面、卫生间漏水；抹灰层开裂、脱落；地面起砂、空鼓；排水管道堵塞；预制构件裂缝等。另有一些同类型的质量问题，往往一再重复发生，如雨篷的倾覆，悬挑梁、板的断裂，混凝土强度不足等。因此，总结经验，吸取教训，采取有效措施予以预防十分必要。

三、工程质量事故的分类

我国现行通常采用按工程质量事故造成损失的严重程度进行分类，其基本分类如下：

1. 一般质量事故。凡具备下列条件之一者为一般质量事故：

(1) 直接经济损失在5000元（含5000元）以上，不满5万元的；

(2) 影响使用功能和工程结构安全，造成永久质量缺陷的。

2. 严重质量事故。凡具备下列条件之一者为严重质量事故：

(1) 直接经济损失在 5 万元（含 5 万元）以上，不满 10 万元的；

(2) 严重影响使用功能或工程结构安全，存在重大质量隐患的；

(3) 事故性质恶劣或造成 2 人以下重伤的。

3. 重大质量事故。凡具备下列条件之一者为重大质量事故，属建设工程重大事故范畴：

(1) 工程倒塌或报废；

(2) 由于质量事故，造成人员死亡或重伤 3 人以上；

(3) 直接经济损失 10 万元以上。

按国家建设行政主管部门规定建设工程重大事故分为如下四个等级：

(1) 凡造成死亡 30 人以上或直接经济损失 300 万元以上为一级；

(2) 凡造成死亡 10 人以上 29 人以下或直接经济损失 100 万元以上不满 300 万元为二级；

(3) 凡造成死亡 3 人以上，9 人以下或重伤 20 人以上或直接经济损失 30 万元以上，不满 100 万元为三级；

(4) 凡造成死亡 2 人以下，或重伤 3 人以上，19 人以下或直接经济损失 10 万元以上，不满 30 万元为四级。

4. 特别重大事故：凡具备国务院发布的《特别重大事故调查程序暂行规定》所列发生一次死亡 30 人及其以上，或直接经济损失达 500 万元及其以上，或其他性质特别严重，上述影响三个之一均属特别重大事故。

【案例三】 武汉某高层住宅被迫控爆拆除

（注：本案例项目为 1995 年设计、施工，事故分析所采用的判定依据为当时执行的有关标准与规范，同学们在阅读及应用时应引起注意。）

（一）工程概况

该工程为 18 层剪力墙结构，建筑面积 1.46 万 m^2，地下一层，总高度 56.6m。1995 年 1 月开始桩基施工，同年 9 月主体完成，11 月完成室内外装饰及地面工程，12 月 3 日发现住宅整体向东北倾斜，顶端水平位移达 470mm。当时采取了以下纠偏措施：倾斜一侧减载与对应侧加载、注浆与高压粉喷以及增加锚杆静压桩等措施，控制了房屋向东北倾斜。12 月 21 日起，突然转向西北方向倾斜，虽采取纠偏措施，但无作用，倾斜速度加快，至 12 月 25 日顶端水平位移达 2884mm，使整座楼重心偏移了 1442mm。为彻底根治隐患，并确保邻近建筑物及居民的安全，决定将 6~18 层控爆引毁，并于 1995 年底实施，造成直接经济损失 711 万元。

（二）事故的主要原因调查分析

1. 桩型选用不当。勘察报告要求高层住宅部分选用大直径钻孔灌注桩，其持力层为地面下 40.4~42.6m 的砂卵石层。设计却采用了夯扩桩，持力层为地面下 13.4~19m 的稍密中密粉细砂层。事故发生后，一些专家形象地说，该工程的夯扩桩如同一把筷子插到稀饭里。（注：桩穿越的土层主要是高压缩淤泥和淤泥质黏土）。

2. 违反有关设计规范规定。设计同意建设单位建议将地下室标高提高 2m，使该工程埋置深度由 5m 减少为 3m，违反了《钢筋混凝土高层建筑结构设计与施工规程》（JGJ3—

91）的规定，即最小埋深应大于建筑高度的 1/15，该工程为 1/18.9。

3．基坑壁及坑底处理不当。对高压缩性淤泥层，勘察报告要求坑壁支护及封底补强。实际仅部分做了 2~5 排粉喷桩，其余均放坡开挖。由于坑壁未封闭，致使基坑内淤泥层移动而对桩体产生水平推力，严重影响桩体稳定。

4．大量桩的全长呈折线形，降低了单桩承载力。底板提高 2m 是在 336 根夯扩桩已完成 190 根时提出并实施的，也就是说有 190 根桩在同一截面接桩，而灌注桩的接桩处是桩体最薄弱处，因此桩基础形成一个薄弱截面。而且已完成的 190 根桩有不少倾斜严重，最大偏位竟达 1700mm，后接的桩是垂直地面的，因此大量桩的全长呈折线形。

5．桩质量缺陷处理不当。经动测检验分析，336 根桩中有 172 根是歪桩，桩身垂直度偏差超过规范的要求。从 336 根桩中抽 63 根检验桩身质量，其中有 13 根为 Ⅲ 类桩（严重缺陷）。施工单位提出增做 160 根静压桩，未被采纳。

6．土方工程施工违反规范规定。土方开挖和回填违反了《建筑桩基技术规范》（JGJ 94—94）的一系列规定，诸如：基坑应分层开挖，高差不宜超过 1m，机械挖土不得损坏桩体以及关于回填土质和夯填要求等规定。施工中，开挖一次到底，挖土机不仅碾压桩、铲斗还碰撞桩，填土用杂土，且不分层夯实，因此不能有效地限制基础的侧向变形。

7．忽视信息，不认真分析处理。4 月中旬在土方开挖中发现两根桩桩身上部断裂，其中一根桩内配的 6φ16 钢筋有两根脆裂，没有作任何处理。5 月 22 日起作沉降观测，曾经发现过沉降突变，也未作认真处理。

（三）事故成因总结与性质确定

综上所述，该事故原因是严重违反标准规范规定，工程技术人员严重失职，甚至个别环节上弄虚作假，掩盖重大质量隐患。建设单位急于求成，错误地控制造价，质量监督不严，使得多种缺陷汇集叠加一起，导致该工程桩基整体失稳，不得不大部控爆引毁。本工程质量事故造成的直接经济损失 711 万元（>500 万元），根据规定属特别重大事故。

第三节　工程质量事故处理的依据和程序

一、工程质量事故处理的依据

工程质量事故发生的原因是多方面的，有技术上的失误，也有违反建设程序或法律法规的问题；有些是设计、施工的原因，也有些是由于管理方面或材料方面的原因。引发事故的原因不同，事故责任的界定与承担也不同，事故的处理措施也不同。总之，对于所发生的质量事故，无论是分析原因、界定责任，以及做出处理决定，都需要以切实可靠的客观依据为基础。

进行工程质量事故处理的主要依据有四个方面：质量事故的实况资料；具有法律效力的，得到有关当事各方认可的工程承包合同、设计委托合同、材料或设备购销合同以及监理合同或分包合同等合同文件；有关的技术文件、档案和相关的建设法规。

在这四方面依据中，前三种是与特定的工程项目密切相关的具有特定性质的依据。第四种法规性依据，是具有很高权威性、约束性、通用性和普遍性的依据，因而它在工程质量事故的处理事务中，也具有极其重要的、不容置疑的作用。

（一）质量事故的实况资料

要搞清质量事故的原因和确定处理对策,首要的是要掌握质量事故的实际情况。有关质量事故实况的资料主要可来自以下几个方面:

1. 施工单位的质量事故调查报告

质量事故发生后,施工单位有责任就所发生的质量事故进行周密的调查、研究掌握情况,并在此基础上写出调查报告,提交监理工程师和业主。在调查报告中首先就与质量事故有关的实际情况做详尽的说明,其内容应包括:

(1) 质量事故发生的时间、地点。

(2) 质量事故状况的描述。例如,发生的事故类型(如混凝土裂缝、砖砌体裂缝);发生的部位(如楼层、梁、柱,及其所在的具体位置);分布状态及范围;严重程度(如裂缝长度、宽度、深度等)。

(3) 质量事故发展变化的情况(其范围是否继续扩大,程度是否已经稳定等)。

(4) 有关质量事故的观测记录、事故现场状态的照片或录像。

2. 监理单位调查研究所获得的第一手资料

其内容大致与施工单位调查报告中有关内容相似,可用来与施工单位所提供的情况对照、核实。

(二) 有关合同及合同文件

1. 所涉及的合同文件可以是:工程承包合同、设计委托合同、设备与器材购销合同、监理合同等。

2. 有关合同和合同文件在处理质量事故中的作用是确定在施工过程中有关各方是否按照合同有关条款实施其活动,借以探寻产生事故的可能原因。例如,施工单位是否在规定时间内通知监理单位进行隐蔽工程验收;监理单位是否按规定时间实施了检查验收;施工单位在材料进场时,是否按规定或约定进行了检验等。此外,有关合同文件还是界定质量责任的重要依据。

(三) 有关的技术文件和档案

1. 有关的设计文件

如施工图纸和技术说明等。它是施工的重要依据。在处理质量事故中,其作用一方面是可以对照设计文件,核查施工质量是否完全符合设计的规定和要求;另一方面是可以根据所发生的质量事故情况,核查设计中是否存在问题或缺陷,成为导致质量事故的一方面原因。

2. 与施工有关的技术文件、档案和资料

(1) 施工组织设计或施工方案、施工计划。

(2) 施工记录、施工日志等。根据它们可以查对发生质量事故的工程施工时的情况,如:施工时的气温、降雨、风、浪等有关的自然条件;施工人员的情况;施工工艺与操作过程的情况;使用的材料情况;施工场地、工作面、交通等情况;地质及水文地质情况等。借助这些资料可以追溯和探寻事故的可能原因。

(3) 有关建筑材料的质量证明资料。例如,材料批次、出厂日期、出厂合格证或检验报告、施工单位抽检或试验报告等。

(4) 现场制备材料的质量证明资料。例如,混凝土拌和料的级配、水灰比、坍落度记录;混凝土试块强度试验报告;沥青拌和料配比、出机温度和摊铺温度记录等。

(5) 质量事故发生后,对事故状况的观测记录、试验记录或试验报告等。例如,对地基沉降的观测记录;对建筑物倾斜或变形的观测记录;对地基钻探取样记录与试验报告;对混凝土结构物钻取试样的记录与试验报告等。

(6) 其他有关资料

上述各类技术资料对于分析质量事故原因,判断其发展变化趋势,推断事故影响及严重程度,考虑处理措施等都是不可缺少的,起着重要的作用。

(四) 相关的建设法规

1998年3月1日《中华人民共和国建筑法》颁布实施,对加强建筑活动的监督管理,维护市场秩序,保证建设工程质量提供了法律保障。这部工程建设和建筑业大法的实施,标志着我国工程建设和建筑业进入了法制管理新时期。通过几年的发展,国家已基本建立起以《建筑法》为基础与社会主义市场经济体制相适应的工程建设和建筑业法规体系,包括法律、法规、规章及示范文本等。与工程质量及质量事故处理有关的有以下几类,简述如下:

1. 勘察、设计、施工、监理等单位资质管理方面的法规

《建筑法》明确规定"国家对从事建筑活动的单位实行资质审查制度"。这方面的法规由建设部于2001年以部令发布的《建设工程勘察设计企业资质管理规定》、《建筑业企业资质管理规定》和《工程监理企业资质管理规定》等。这类法规主要内容涉及勘察、设计、施工和监理等单位的等级划分;明确各级企业应具备的条件;确定各级企业所能承担的任务范围;以及其等级评定的申请、审查、批准、升降管理等方面。例如《建筑业企业资质管理规定》中,明确规定建筑业企业经审查合格,"取得相应等级的资质证书,方可在其资质等级许可的范围内从事建筑活动"。

2. 从业者资格管理方面的法规

《建筑法》规定对注册建筑师、注册结构工程师和注册监理工程师等有关人员实行资格认证制度。1995年国务院颁布的《中华人民共和国注册建筑师条例》、1997年建设部、人事部颁布的《注册结构工程师执业资格制度暂行规定》和1998年建设部、人事部颁发的监理工程师考试和注册试行办法》等。这类法规主要涉及建筑活动的从业者应具有相应的执业资格;注册等级划分;考试和注册办法;执业范围;权利、义务及管理等。例如《注册结构工程师执业资格制度暂行规定》中明确注册结构工程师"不得准许他人以本人名义执行业务"。

3. 建筑市场方面的法规

这类法律、法规主要涉及工程发包、承包活动,以及国家对建筑市场的管理活动。于1999年10月1日施行的《中华人民共和国合同法》和于2000年1月1日施行的《中华人民共和国招标投标法》是国家对建筑市场管理的两个基本法律。与之相配套的法规有2001年国务院发布的《工程建设项目招标范围和规模标准的规定》、国家计委《工程项目自行招标的试行办法》、建设部《建筑工程设计招标投标管理办法》、2001年国家计委等七部委联合发布的《评标委员会和评标方法的暂行规定》等以及2001年建设部发布的《建筑工程发包与承包价格计价管理办法》和与国家工商行政管理总局共同发布的《建设工程勘察合同》、《建筑工程设计合同》、《建设工程施工合同》和《建设工程监理合同》等示范文本。

这类法律、法规、文件主要是为了维护建筑市场的正常秩序和良好环境，充分发挥竞争机制，保证工程项目质量，提高建设水平。例如《招标投标法》明确规定"投标人不得以低于成本的报价竞标"，就是防止恶性杀价竞争，导致偷工减料引起工程质量事故。《合同法》明文规定"禁止承包人将工程分包给不具备相应资质条件的单位，禁止分包单位将其承包的工程再分包。建设工程主体结构的施工必须由承包人自行完成"。对违反者处以罚款，没收非法所得直至吊销资质证书，这均是为了保证工程施工的质量，防止因操作人员素质低造成质量事故。

4. 建筑施工方面的法规

以《建筑法》为基础，国务院于2000年颁布了《建筑工程勘察设计管理条例》和《建设工程质量管理条例》。建设部于1989年发布《工程建设重大事故报告和调查程序的规定》，于1991年发布《建筑安全生产监督管理规定》和《建设工程施工现场管理规定》，于1995年发布《建筑装饰装修管理规定》，于2000年发布《房屋建筑工程质量保修办法》以及《关于建设工程质量监督机构深化改革的指导意见》、《建设工程质量监督机构监督工作指南》和《建设工程监理规范》等法规和文件。主要涉及到施工技术管理、建设工程监理、建筑安全生产管理、施工机械设备管理和建设工程质量监督管理。它们与现场施工密切相关，因而与工程施工质量有密切关系或直接关系。

这类法律、法规文件涉及的内容十分广泛，其特点是大多与现场施工有直接关系。例如《建设工程监理规范》明确了现场监理工作的内容、深度、范围、程序、行为规范和工作制度；《建设工程施工现场管理规定》则要求有施工技术、安全岗位责任制度、组织措施制度，对施工准备、计划、技术、安全交底、施工组织设计编制、现场总平面布置等均做了明确规定。

特别是国务院颁布的《建设工程质量管理条例》，以《建筑法》为基础，全面系统地对与建设工程有关的质量责任和管理问题，做了明确的规定，可操作性强。它不但对建设工程的质量管理具有指导作用，而且是全面保证工程质量和处理工程质量事故的重要依据。

5. 标准化管理方面的法规

2000年建设部发布《工程建设标准强制性条文》和《实施工程建设强制性标准监督规定》是典型的标准化管理类法规，它的实施为《建设工程质量管理条例》提供了技术法规支持，是参与建设活动各方执行工程建设强制性标准和政府实施监督的依据，同时也是保证建设工程质量的必要条件，是分析处理工程质量事故，判定责任方的重要依据。一切工程建设的勘察、设计、施工、安装、验收都应按现行标准进行，不符合现行强制性标准的勘察报告不得报出，不符合强制性条文规定的设计不得审批，不符合强制性标准的材料、半成品、设备不得进场，不符合强制性标准的工程质量必须处理，否则不得验收、不得投入使用。

(五) 监理单位编制质量事故调查报告

调查的主要目的是要明确事故的范围、缺陷程度、性质、影响和原因，为事故的分析和处理提供依据。调查应力求全面、准确、客观。

调查报告的内容主要包括：

1. 与事故有关的工程情况。

2. 质量事故的详细情况，诸如质量事故发生的时间、地点、部位、性质、现状及发展变化情况等。

3. 事故调查中有关的数据、资料和初步估计的直接损失。

4. 质量事故原因分析与判断。

5. 是否需要采取临时防护措施。

6. 事故处理及缺陷补救的建议方案与措施。

7. 事故涉及的有关人员的情况。

事故原因分析是确定事故处理措施方案的基础。正确的处理来源于对事故原因的正确判断。只有对提供的调查资料、数据进行详细、深入的分析后，才能由表及里、去伪存真，找出造成事故的真正原因。为此，监理工程师应当组织设计、施工、建设单位等各方参加事故原因分析。

事故处理方案的制订应以事故原因分析为基础。如果某些事故一时认识不清，而且事故一时不致产生严重的恶化，可以继续进行调查、观测，以便掌握更充分的资料数据，做进一步分析，找出原因，以利制定处理方案；切忌急于求成，不能对症下药，采取的处理措施不能达到预期效果，造成反复处理的不良后果。

二、工程质量事故处理程序

工程监理人员应熟悉各级政府建设行政主管部门处理工程质量事故的基本程序，特别是应把握在质量事故处理过程中如何履行自己的职责。

工程质量事故发生后，监理人员可按以下程序进行处理，如图4-2所示。

1. 工程质量事故发生后，总监理工程师应签发《工程暂停令》，并要求停止进行质量缺陷部位和与其有关联部位及下道工序施工，应要求施工单位采取必要的措施，防止事故扩大并保护好现场。同时，要求质量事故发生单位迅速按类别和等级向相应的主管部门上报，并于24小时内写出书面报告。

各级主管部门处理权限及组成调查组权限如下：

特别重大质量事故由国务院按有关程序和规定处理；重大质量事故由国家建设行政主管部门归口管理；严重质量事故由省、自治区、直辖市建设行政主管部门归口管理；一般质量事故由市、县级建设行政主管部门归口管理。

工程质量事故调查组由事故发生地的市、县以上建设行政主管部门或国务院有关主管部门组织成立。特别重大质量事故调查组组成由国务院批准；一、二级重大质量事故调查组由省、自治区、直辖市建设行政主管部门提出组成意见，人民政府批准；三、四级重大质量事故调查组由市、县级行政主管部门提出组成意见，相应级别人民政府批准；严重质量事故调查组由省、自治区、直辖市建设行政主管部门组织；一般质量事故调查组由市、县级建设行政主管部门组织；事故发生单位属国务院部委的，有国务院有关主管部门或其授权部门会同当地建设行政主管部门组织调查组。

2. 监理工程师在事故调查组展开工作后，应积极协助，客观地提供相应证据，若监理方无责任，监理工程师可应邀参加调查组，参与事故调查；若监理方有责任，则应予以回避，但应配合调查组工作。质量事故调查组的职责是：

（1）查明事故发生的原因、过程、事故的严重程度和经济损失情况。

（2）查明事故的性质、责任单位和主要责任人。

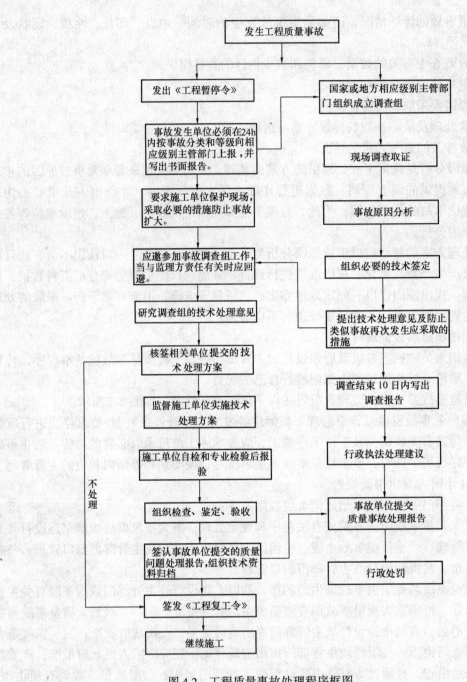

图 4-2 工程质量事故处理程序框图

(3) 组织技术鉴定。
(4) 明确事故主要责任单位和次要责任单位，承担经济损失的划分原则。
(5) 提出技术处理意见及防止类似事故再次发生应采取的措施。
(6) 提出对事故责任单位和责任人的处理建议。
(7) 写出事故调查报告。

3. 当监理工程师接到质量事故调查组提出的技术处理意见后，可组织相关单位研究，并责成相关单位完成技术处理方案，并予以审核签认。质量事故技术处理方案，一般应委托原设计单位提出，由其他单位提供的技术处理方案，应经原设计单位同意签认。技术处理方案的制订，应征求建设单位意见。技术处理方案必须依据充分，应在质量事故的部位、原因全部查清的基础上，必要时，应委托法定工程质量检测单位进行质量鉴定或请专家论证，以确保技术处理方案可靠、可行、保证结构安全和使用功能。

4. 技术处理方案核签后，监理工程师应要求施工单位制定详细的施工方案，必要时应编制监理实施细则，对工程质量事故技术处理施工质量进行监理，技术处理过程中的关键部位和关键工序应进行旁站，并会同设计、建设等有关单位共同检查认可。

5. 对施工单位完工自检后报验的结果，组织有关各方进行检查验收，必要时应进行处理结果鉴定。要求事故单位整理编写质量事故处理报告，并审核签认，组织将有关技术资料归档。

工程质量事故处理报告主要内容：
（1）工程质量事故情况、调查情况、原因分析（选自质量事故调查报告）。
（2）质量事故处理的依据。
（3）质量事故技术处理方案。
（4）实施技术处理施工中有关问题和资料。
（5）对处理结果的检查鉴定和验收。
（6）质量事故处理结论。

6. 签发《工程复工令》，恢复正常施工。

【案例四】 工程质量事故处理程序

（一）工程概况

某工程，监理公司承担施工阶段监理任务，建设单位采用公开招标方式选定承包单位。建设单位招标后确定甲承包单位中标，并签订了施工合同。施工开始后，建设单位要求提前竣工，并与甲承包单位协商签订了书面协议，写明了甲承包单位为保证施工质量采取的措施和建设单位应支付的赶工费用。

施工过程中发生了混凝土工程质量事故。经调查组技术鉴定，认为是甲承包单位为赶工拆模过早，混凝土强度不足造成。该事故未造成人员伤亡，但导致直接经济损失4.8万元。

（二）事故涉及的问题及处理程序

1. 上述质量事故发生后，在事故调查前，总监理工程师应做哪些工作？

事故发生后，在事故调查前，总监理工程师应处理好以下几方面工作：
（1）签发《工程暂停令》，指令承包单位停止相关部位及下道工序施工。
（2）要求承包单位防止事故扩大，保护现场。
（3）要求承包单位在规定时间内写出书面报告。

2. 上述质量事故的调查组应由谁组织？监理单位是否应参加调查组？

因该事故未造成人员伤亡，但导致直接经济损失4.8万元，不满5万元，属一般质量事故。根据有关规定质量事故的调查组应由市、县级建设行政主管部门组织。

事故是由于甲承包单位为赶工期拆模过早造成的，监理方无责任，监理单位应参加调查组，参与事故调查。

3. 上述质量事故的技术处理方案应由谁提出？技术处理方案核签后，总监理工程师应完成哪些工作？该质量事故处理报告应由谁提出？

当监理工程师接到质量事故调查组提出的技术处理意见后，可组织相关单位研究，并责成相关单位完成技术处理方案，并予以审核签认。质量事故技术处理方案，一般应委托原设计单位提出，由其他单位提供的技术处理方案，应经原设计单位同意签认。技术处理方案的制订，应征求建设单位意见。由于甲承包单位为赶工期拆模过早造成了该质量事故，技术处理方案应由甲承包单位提出。

技术处理方案核签后，总监理工程师应签发《工程复工令》，监督技术处理方案的实施，最后组织检查、鉴定和验收。该质量事故处理报告应由甲承包单位提出。

第四节 工程质量事故处理方案的确定及鉴定验收

一、工程质量事故处理方案的确定

工程质量事故处理的目的是消除质量隐患，以达到建筑物的安全可靠和正常使用各项功能及寿命要求，并保证施工的正常进行，其方案属技术处理方案。

（一）质量事故处理方案的基本要求

1. 处理应达到安全可靠，不留隐患，满足生产、使用要求，施工方便，经济合理的目的。

2. 正确确定事故性质，重视消除事故的原因。这不仅是一种处理方向，也是防止事故重演的重要措施。

3. 注意综合治理。既要防止原有事故的处理引发新的事故，又要注意处理方法的综合应用。

4. 正确确定处理范围。除了直接处理事故发生的部位外，还应检查事故对相邻区域及整个结构的影响，以正确确定处理范围。

5. 正确选择处理时间和方法。发现质量问题后，一般均应及时分析处理；但并非所有质量问题的处理都是越早越好，如裂缝、沉降、变形尚未稳定就匆忙处理，往往不能达到预期的效果，而常会进行重复处理。处理方法的选择，应根据质量问题的特点，综合考虑安全可靠、技术可行、经济合理、施工方便等因素，经分析比较，择优选定。

6. 加强事故处理的检查验收工作。从施工准备到竣工，均应根据有关规范的规定和设计要求的质量标准进行检查验收。

7. 认真复查事故的实际情况。在事故处理中若发现事故情况与调查报告中所述的内容差异较大时，应停止施工，待查清问题的实质，采取相应的措施后再继续施工。

8. 确保事故处理期的安全。事故现场中不安全因素较多，应事先采取可靠的安全技术措施和防护措施，并严格检查、执行。

监理工程师在审核质量事故处理方案时，应以分析事故原因为基础，结合实地勘查成果，正确掌握事故的性质和变化规律，并应尽量满足建设单位的要求。质量事故的技术处理方案多种多样，但根据质量事故的情况可归纳为三种类型的处理方案，监理工程师应掌握从中选择最适用处理方案的方法，方能对相关单位上报的事故技术处理方案作出正确审核结论。

(二)工程质量事故处理方案类型

1. 不做处理

某些工程质量问题虽然不符合规定的要求和标准构成质量事故,但视其严重情况,经过分析、论证、法定检测单位鉴定和设计等有关单位认可,对工程或结构使用及安全影响不大,也可不做专门处理。通常不用专门处理的情况有以下几种:

(1) 不影响结构安全和正常使用

例如,有的工业建筑物出现放线定位偏差,且严重超过规范标准规定,若要纠正会造成重大经济损失,经过分析、论证其偏差不影响生产工艺和正常使用,在外观上也无明显影响,可不做处理。又如,某些隐蔽部位结构混凝土表面裂缝,经检查分析,属于表面养护不够的干缩微裂,不影响使用及外观,也可不做处理。

(2) 有些质量问题,经过后续工序可以弥补

例如,混凝土墙表面轻微麻面,可通过后续的抹灰、喷涂或刷白等工序弥补,亦可不做专门处理。

(3) 经法定检测单位鉴定合格

例如,某检验批混凝土试块强度值不满足规范要求,强度不足,在法定检测单位,对混凝土实体采用非破损检验等方法测定其实际强度已达规范允许和设计要求值时,可不做处理。对经检测未达要求值,但相差不多,经分析论证,只要使用前经再次检测达设计强度,也可不做处理,但应严格控制施工荷载。

(4) 出现的质量问题,经检测鉴定达不到设计要求,但经原设计单位核算,仍能满足结构安全和使用功能

例如,某一结构构件截面尺寸不足,或材料强度不足,影响结构承载力,但经按实际检测所得截面尺寸和材料强度复核验算,仍能满足设计的承载力,可不进行专门处理。这是因为一般情况下,规范标准给出了满足安全和功能的最低限度要求,而设计往往在此基础上留有一定余量,这种处理方式实际上是挖掘了设计潜力或降低了设计的安全系数。

2. 修补处理

这是最常用的一类处理方案。通常当工程的某个检验批、分项或分部的质量虽未达到规范、标准或设计要求,存在一定缺陷,但通过修补或更换器具、设备后还可达到要求的标准,又不影响使用功能和外观要求,在此情况下,可以进行修补处理。

属于修补处理这类具体方案很多,诸如封闭保护、复位纠偏、结构补强、表面处理等。某些事故造成的结构混凝土表面裂缝,可根据其受力情况,仅作表面封闭保护。某些混凝土结构表面的蜂窝、麻面,经调查分析,可进行剔凿、抹灰等表面处理,一般不会影响其使用和外观。

对较严重的质量问题,可能影响结构的安全性和使用功能,必须按一定的技术方案进行加固补强处理,这样往往会造成一些永久性缺陷,如改变结构外形尺寸,影响一些次要的使用功能等。

3. 返工处理

当工程质量未达到规定的标准和要求,存在着严重质量问题,对结构的使用和安全构成重大影响,且又无法通过修补处理的情况下,可对检验批、分项、分部甚至整个工程返工处理。例如,某防洪堤坝填筑压实后,其压实土的干密度未达到规定值,经核算将影响

土体的稳定且不能满足抗渗能力要求时，可挖除不合格土，重新填筑，进行返工处理。又如某公路桥梁工程预应力按规定张力系数为1.3，实际仅为0.8，属于严重的质量缺陷，也无法修补，只有返工处理。对某些存在严重质量缺陷，且无法采用加固补强等修补处理或修补处理费用比原工程造价还高的工程，应进行整体拆除，全面返工。

监理工程师应牢记，不论哪种情况，特别是不做处理的质量问题，均要备好必要的书面文件，对技术处理方案、不做处理结论和各方协商文件等有关档案资料认真组织签认。对责任方应承担的经济责任和合同中约定的罚则应正确判定。

(三) 工程质量事故处理方案决策的辅助方法

选择工程质量事故处理方案，是复杂而重要的工作，它直接关系到工程的质量、费用和工期，处理方案选择不合理，不仅劳民伤财，严重的会留有隐患，危及人身安全，特别是对需要返工或不做处理的方案，更应慎重对待。对于某些复杂的质量问题作出处理决定前，可采取以下辅助决策方法：

1. 实验验证

即对某些有严重质量缺陷的项目，可采取合同规定的常规试验以外的试验方法进一步进行验证，以便确定缺陷的严重程度。例如，混凝土构件的试件强度低于要求的标准不太大（例如10%以下）时，可进行加载试验，以证明其是否满足使用要求。又如，公路工程的沥青面层厚度误差超过了规范允许的范围，可采用弯沉试验，检查路面的整体强度等。监理工程师可根据对试验验证结果的分析、论证，再研究选择最佳的处理方案。

2. 定期观测

有些工程，在发现其质量缺陷时其状态可能尚未达到稳定仍会继续发展，在这种情况下一般不宜过早做出决定，可以对其进行一段时间的观测，然后再根据情况做出决定。属于这类的质量问题如桥墩或其他工程的基础在施工期间发生沉降超过预计的或规定的标准；混凝土表面发生裂缝，并处于发展状态等。有些有缺陷的工程，短期内其影响可能不十分明显，需要较长时间的观测才能得出结论。对此，监理工程师应与建设单位及施工单位协商，是否可以留待责任期解决或采取修改合同，延长责任期的办法。

3. 专家论证

对于某些工程质量问题，可能涉及的技术领域比较广泛，或问题很复杂，有时仅根据合同规定难以决策，这时可提请专家论证。而采用这种办法时，应事先做好充分准备，尽早为专家提供尽可能详尽的情况和资料，以便使专家能够进行充分、全面和细致的分析与研究，提出切实可行的意见与建议。实践证明，采取这种方法，对于监理工程师正确选择重大工程质量缺陷的处理方案十分有益。

4. 方案比较

这是比较常用的一种方法。同类型和同一性质的事故可先设计多种处理方案，然后结合当地的资源情况、施工条件等逐项给出权重，做出对比，从而选择具有较高处理效果又便于施工的处理方案。例如，结构构件承载力达不到设计要求，可采用改变结构构造来减少结构内力、结构卸荷或结构补强等不同处理方案，可将其每一方案按经济、工期、效果等指标列项并分配相应权重值，进行对比，辅助决策。

(四) 质量事故处理的应急措施

工程中的质量问题具有可变性，往往随时间、环境、施工情况等而发展变化，有的细微裂缝，可能逐步发展成构件断裂；有的局部沉降、变形，可能致使房屋倒塌。为此，在处理质量问题前，应及时对问题的性质进行分析，做出判断，对那些随着时间、温度、湿度、荷载条件变化的变形、裂缝要认真观测记录，寻找变化规律及可能产生的恶果；对那些表面的质量问题，要进一步查明问题的性质是否会转化；对那些可能发展成为构件断裂、房屋倒塌的恶性事故，更要及时采取应急补救措施。

在拟定应急措施时，一般应注意以下事项：

1. 对危险性较大的质量事故，首先应予以封闭或设立警戒区，只有在确认不可能倒塌或进行可靠支护后，方准许进入现场处理，以免人员伤亡。

2. 对需要进行部分拆除的事故，应充分考虑事故对相邻区域结构的影响，以免事故进一步扩大，且应制定可靠的安全措施和拆除方案，要严防对原有事故的处理引发新的事故，如托梁换柱，稍有疏忽将会引起整幢房屋的倒塌。

3. 凡涉及结构安全的情况，都应对处理阶段的结构强度、刚度和稳定性进行验算，提出可靠的防护措施，并在处理中严密监视结构的稳定性。

4. 在不卸荷条件下进行结构加固时，要注意加固方法和施工荷载对结构承载力的影响。

5. 要充分考虑对事故处理中所产生的附加内力对结构的作用，以及由此引起的不安全因素。

【案例五】 某高校十层框剪结构教学楼部分混凝土强度不足质量事故处理方案的确定

（一）工程与事故概况

江苏省某高校一幢教学楼为十层现浇框架剪力墙结构，基础工程采用钢筋混凝土桩基。

当工程主体结构完成一半左右时，发现从1983年7月至1984年5月，共有13组混凝土试块强度达不到设计要求，涉及的结构或构件有：桩、基础承台、一与二层剪力墙、二层柱及大雨篷等，最低的试块强度只达到设计值的56%左右。

（二）事故调查与分析

1. 施工情况调查

该工程的施工单位为一级企业。经检查混凝土各项原始施工资料齐全，混凝土原材料质量符合施工及验收规范要求，配合比由该公司试验室试配确定，工地执行配合比较认真。混凝土的施工工艺和施工组织比较合理。但现场混凝土试块管理工作较差，尤其是试块的成型、养护、保管较差。

经建设单位、设计院和施工单位三方商定，先测定有问题的结构部位混凝土的实际强度，并对大雨篷作荷载试验，根据调查后的数据，再商讨处理方法。

2. 回弹仪测定构件实际强度的结果

首先由建设与施工单位双方派人，对有问题的结构混凝土（桩除外）测定其实际强度。1984年11月2日共测定了35个结构部位或构件，主要结果如下：基础承台共7个，其强度均达到或超过设计值；基础柱或基础墙板共20个，其强度为设计值的77.4%～107%；剪力墙共2条，其强度为设计值的72.6%～86.2%；柱共3根，其强度为设计值的80.5%～103%。

3. 钻取混凝土芯测定构件实际强度

由于回弹仪测定的混凝土强度有时误差较大,因此不能作为交工验收的依据。设计单位要求在指定部位钻芯取样,测定混凝土的实际强度。为此,采用 JXZ83—Ⅰ型内燃机金刚石取芯钻孔机在结构上钻取 $\phi150$、高 150~285mm 的混凝土试块 13 块,承压表面抹平养护后,在 WE-100 型万能试验机上试压。其试验结果如下:基础承台共测试 10 个,实际强度都超过设计强度,大多数都超过 50%以上;第四层现浇楼板共取试件 3 个,试压强度与设计强度之比分别为 1:1.007,1:1.237,1:0.847。

4. 大雨篷荷载试验结果

该雨篷外挑长度为 3.5m,宽为 15.0m。1984 年 12 月 5 日,由甲、乙双方派人参加试验,荷载值为 $2940N/m^2$,分四次加荷,用百分表测读梁板的挠度,用放大镜检查混凝土的开裂情况。试验结果是雨篷根部的梁和板上均未发现裂缝,挑梁的最大挠度为 0.11~0.21mm,挠跨比为 0.000032~0.00006,雨篷板最大挠度为 0.37~0.47mm,挠跨比为 0.00013~0.00017。

(三)检测结论及处理方案

从上述调查与分析结果可见混凝土的实际强度接近或超过设计要求;大雨篷荷载试验结果说明构件的受力性能良好,变形很小,完全满足设计要求和规范规定。考虑到施工单位的实际技术水平,设计院与建设、施工单位一起商讨确定:这起试块强度不足事故,系因现场混凝土试块管理工作较差,尤其是试块的成型、养护、保管较差,不会危及结构安全,因此不必采取任何加固补强措施。

二、工程质量事故处理方案的鉴定验收

监理工程师应通过组织检查和必要的鉴定,确定质量事故的技术处理是否达到了预期目的,进行验收并予以最终确认。

(一)检查验收

工程质量事故处理完成后,监理工程师在施工单位自检合格报验的基础上,应严格按施工验收标准及有关规范的规定进行,结合监理人员的旁站、巡视和平行检验结果,依据质量事故技术处理方案设计要求,通过实际量测,检查各种资料数据进行验收,并应办理交工验收文件,组织各有关单位会签。

(二)必要的鉴定

为确保工程质量事故的处理效果,凡涉及结构承载力等使用安全和其他重要性能的处理工作,常需做必要的试验和检验鉴定工作。或质量事故处理施工过程中建筑材料及构配件保证资料严重缺乏,或对检查验收结果各参与单位有争议时,常见的检验工作有:混凝土钻芯取样,用于检查密实性和裂缝修补效果,或检测实际强度;结构荷载试验,确定其实际承载力;超声波检测焊接或结构内部质量;池、罐、箱柜工程的渗漏检验等。检测鉴定必须委托政府批准的有资质的法定检测单位进行。

(三)验收结论

对所有质量事故无论经过技术处理,通过检查鉴定验收还是不需专门处理的,均应有明确的书面结论。若对后续工程施工有特定要求,或对建筑物使用有一定限制条件,应在结论中提出。

验收结论通常有以下几种:

1. 事故已排除，可以继续施工。
2. 隐患已消除，结构安全有保证。
3. 经修补处理后，完全能够满足使用要求。
4. 基本上满足使用要求，但使用时应有附加限制条件，例如限制荷载等。
5. 对耐久性的结论。
6. 对建筑物外观影响的结论。
7. 对短期内难以作出结论的，可提出进一步观测检验意见。

对于处理后符合《建筑工程施工质量验收统一标准》规定的，监理工程师应予以验收确认，并应注明责任方主要承担的经济责任。对经加固补强或返工处理仍不能满足安全使用要求的分部工程、单位（子单位）工程，应拒绝验收。

第五节 质量通病及其防治

一、常见质量通病

在我国城乡建筑工程中，对带有普遍性的常见质量问题，我们称谓"质量通病"。质量通病有陈旧性和新生性两种。陈旧性的质量通病是多年来一直延续存在的，如水泥地面空鼓开裂、起皮起砂；新生性的质量通病是随着大量采用新结构、新技术、新材料、新工艺而出现的。

质量通病因建设工程不一，采用的技术、材料不一，当地的自然环境不一，习惯的操作方法不一，因此各个地区的质量通病也就不一。如北方瓦工砌砖多采用一铲灰、一块砖、一搓揉的"三一"砌砖法，水平灰缝砂浆饱满度一般都能达到80%以上；而南方一些地区的瓦工，由于使用瓦刀及采用摊铺灰浆砌浆法，使砌体的水平灰缝砂浆饱满度很少达到80%以上的要求，有的只能达到20%~30%，因此这些地区就把砖砌体的水平灰缝砂浆饱满度的不足，列为本地区的质量通病之一。又如由于南北地区的空气湿度不一，昼夜温差不一，冬季的负温度不一，因此在南方地区中，外檐的水泥砂浆抹面的空鼓开裂，就不象北方那么突出，而北方地区往往把外檐水泥砂浆抹面的空鼓开裂，就列为本地区的突出质量通病。再如工业建筑与民用建筑的质量通病也各有异同之处，工业建筑的质量通病主要在主体结构及设备安装方面，民用建筑的质量通病主要在使用功能与外观方面，因此，工业、交通部门也各有各的质量通病项目。现将一般性的建筑工程质量通病列举如下：

1. 渗漏。如屋面、卫生间（住宅的厕浴间）、墙面、地下室渗漏，其中以屋面、卫生间渗漏为最突出的工程质量通病。
2. 水泥砂浆（含水泥混合砂浆）楼地面（墙面）空鼓开裂。其中以预制多孔板为楼板的水泥砂浆面层尤为突出。
3. 门窗缝隙大、密闭不严。在木制门窗中由于材质差、刚度小、制作粗糙而使未安装前就存在上述质量问题。
4. 混凝土与砌筑砂浆的配比不准确、原材料质量控制不严，致使强度的离散性很大，高低相差悬殊。
5. 砖砌女儿墙及砖混结构的顶层砌体出现规律性的裂缝。

6. 外墙饰面砖的灰缝（含分格条）深浅宽窄不匀，横不平、竖不直；有的饰面砖自身变色，与基层粘结不牢。

7. 钢筋位移、加密箍筋漏置、钢筋保护层过小，拆完模板后有的露筋。

8. 纵横砖墙砌筑不同步，大量留直槎，又不按规定放置拉结筋。

9. 室外墙面装饰面层被雨水与灰尘污染（有的工程设计窗台就没有挑出，有的工程设计是有凸出墙面的外窗台，但施工中没有做滴水线（槽）；有的工程使用的涂料就易被污染和短时期内就老化。

10. 灌注桩及预制桩出现缩颈、夹层、沉渣厚度过大及打断、打碎的质量问题。

11. 室外及房心回填土夯压不实，出现室外散水与地面沉陷。

12. 油漆漆膜粗糙、流坠、透底，手感及眼观均比较明显。

13. 电器不接地（接零），零、火相线错置，灯具及开关插座安放不正。

14. 下水道被堵，排水不通或不畅通。

二、质量通病的原因分析

工程质量通病的产生主要是人为因素造成的，归结为以下几方面：

1. 设计问题。
2. 施工技术问题。
3. 材料质量问题。
4. 施工管理水平差，质量监督不到位。
5. 造价过低是质量通病多发的诱导因素。

三、工程质量通病防治措施

1. 制订消除工程质量通病的规划。通过分析质量通病，一是列出哪些质量通病是本地区（部门）最普遍的，且危害性是比较大的；二是初步分析这些质量通病产生的原因；三是采取什么措施去治理较适宜；四是要不要外部给予协助。

2. 消除因设计欠周密而出现的工程质量通病，属于设计方面原因的，通过改进设计方案来治理。

3. 提高施工人员素质，改进操作工艺和施工工艺，认真按规范、规程及设计要求组织施工，对易形成的质量通病部位或工艺增设质量控制点。

4. 对一些治理技术难度大的质量通病，要组织科研力量攻关。

5. 技术不配套、不成熟的材料、工艺等应制止大面积推广。如合成高分子防水片材自身的质量很好，既耐久，又具有良好的防水性能，但其粘结剂的质量不能相应配套，致使做成防水层后，仍然出现翘边等质量通病。

6. 要择优选购建筑材料、部件和设备。严禁购置生产情况不清、质量不摸底的建筑材料、部件和设备；购入的材料、部件及设备在使用前不仅检查有无出厂合格证，还要进行质量检验，经复验合格后方准予使用；对已进场的材料发现有少数不符合标准的，一定要经过挑选使用。对一些性能尚未完全过关的新材料慎重使用；建筑材料、部件及设备不仅要实施生产许可证制度，还要实施质量认证制度。

7. 因工程造价控制过低而易发生影响安全或使用功能的质量通病的部位，不仅不能再降低工程造价，有些还应适当提高工程造价。

思考题与习题

1. 如何区分工程质量不合格、工程质量问题与质量事故？
2. 试述工程质量问题处理的程序。
3. 简述工程质量事故的特点、分类及其处理的权限范围。
4. 简述工程质量事故处理的依据。
5. 简述进行工程质量事故原因分析的基本步骤。
6. 简述工程质量事故处理的程序，监理工程师在事故处理过程中应如何去做？
7. 确定质量事故处理方案的基本要求有哪些？
8. 质量事故处理可能采取的处理方案有哪几类？适用条件？
9. 工程质量事故处理方案决策的辅助方法有哪些？
10. 监理工程师如何对工程质量事故处理进行鉴定与验收？

第五章 工程质量控制的统计分析方法

第一节 质量数据统计基本知识

一、质量数据统计几个概念

(一) 总体与个体

总体也称母体,是所研究对象的全体;个体,是组成总体的基本元素。总体分为有限总体和无限总体。总体中可含有多个个体,其数目通常用 N 表示。当对一批产品质量进行检验时,该批产品是总体,其中的每件产品是个体,这时 N 是有限的数值,则称之为有限总体。当对生产过程进行检测时,应该把整个生产过程的过去、现在以及将来的产品视为总体,随着生产的进行 N 是无限的,称之为无限总体。实际进行质量统计中一般把从每件产品检测得到的某一质量数据(如强度、几何尺寸、重量等质量特性值)视为个体,产品的全部质量数据的集合则称为总体。

(二) 样本

样本也称子样,是从总体中随机抽取出来,并能根据对其研究结果推断出总体质量特征的那部分个体。被抽中的个体称为样品,样品的数目称样本容量,用 n 表示。

(三) 全数检验

全数检验是对总体中的全部个体逐一观察、测量、计数、登记,从而获得对总体质量水平评价结论的方法。采取全数检验的方法,对总体质量水平评价结论一般比较可靠,能提供大量的质量信息,但要消耗很多人力、物力、财力和时间,特别是不能用于具有破坏性的检验和过程的质量统计数据的收集,应用上具有局限性;在有限总体中,对重要的检测项目,当可采用简易快速的不破损检验方法时,可选用全数检验方案。

(四) 随机抽样检验

随机抽样检验是按照随机抽样的原则,从总体中抽取部分个体组成样本,根据对样品进行检测的结果,推断总体质量水平的方法。随机抽样检验抽取样品应不受检验人员主观意愿的支配,每一个体被抽中的概率都相同,从而保证样本在总体中的分布比较均匀,有充分的代表性。采取随机抽样检验的方法具有节省人力、物力、财力、时间和准确性高的优点,同时又可用于破坏性检验和生产过程的质量监控,具有广泛的应用性。抽样的具体方法有:

1. 简单随机抽样

简单随机抽样又称纯随机抽样、完全随机抽样,是对总体不进行任何加工,直接在全体个体中进行随机抽样获取样本的方法。其方法是对全部个体编号,然后采用抽签、摇号、随机数字表等方法确定中选号码,对应的个体即为样品。这种方法常用于总体差异不大或对总体了解甚少的情况。

2. 分层抽样

分层抽样又称分类或分组抽样，是将总体按与研究目的有关的某一特性分为若干组，然后在每组内随机抽取样品组成样本的方法。这种方法由于对每组都要抽取样品，样品在总体中分布均匀，更具代表性，特别适用于总体比较复杂的情况。如研究混凝土浇筑质量时，可以按生产班组分组，或按浇筑时间（白天、黑夜或季节）分组或按原材料供应商分组后，再在每组内随机抽取个体。

3. 等距抽样

等距抽样又称机械抽样、系统抽样，是将个体按某一特性排队编号后均分为 n 组，这时每组有 $K = N/n$ 个个体，然后在第一组内随机抽取第一件样品，以后每隔一定距离（K 值）抽选出其余样品组成样本的方法。如在流水作业线上每生产 100 件产品抽出一件产品做样品，直到抽出 n 件产品组成样本。

进行等距抽样时要注意所采用的距离（K 值）不要与总体质量特性值的变动周期一致。如对于连续生产的产品按时间距离抽样时，间隔的时间不要是每班作业时间 8h 的约数或倍数，以避免产生系统偏差。

4. 整群抽样

整群抽样一般是将总体按自然存在的状态分为若干群，并从中抽取样品群组成样本，然后在中选群内进行全数检验的方法。如对原材料质量进行检测，可按原包装的箱、盒为群随机抽取，对中选的箱、盒做全数检验；每隔一定时间抽出一批样本进行全数检验等。

由于随机性表现在群间，样品集中，分布不均匀，代表性差，产生的抽样误差也大，同时在有周期性变动时，应注意避免系统偏差。

5. 多阶段抽样

多阶段抽样又称多级抽样。前述抽样方法的共同特点是整个过程中只有一次随机抽样，因而统称为单阶段抽样。但是当总体很大时，很难一次抽样完成预定的目标。多阶段抽样是将各种单阶段抽样方法结合使用，通过多次随机抽样来实现的抽样方法。如检验钢材、水泥等质量时，可以对总体按不同批次分为 R 群，从中随机抽取 r 群，而后在中选的 r 群中的 M 个个体中随机抽取 m 个个体，这就是整群抽样与分层抽样相结合的二阶段抽样，它的随机性表现在群间和群内有两次。

二、质量统计推断工作过程

质量统计推断工作是运用质量统计方法在一批产品中或生产过程中，随机抽取样本，通过对样品进行检测和整理加工，从中获得样本质量数据信息，并以此为依据，以概率数理统计为理论基础，对总体的质量状况作出分析和判断。

三、质量数据统计的分类

根据质量统计数据的特点，可以将质量数据分为计量值数据和计数值数据。

1. 计量值数据

计量值数据是可以连续取值的数据，属于连续型变量。其特点是在任意两个数值之间都可以取精度较高一级的数值。它通常由测量得到，如重量、强度、几何尺寸、标高、位移等。此外，一些属于定性的质量特性，可由专家主观评分、划分等级而使之数量化，得到的数据也属于计量值数据。

2. 计数值数据

计数值数据是只能按 0，1，2，……数列取值计数的数据，属于离散型变量。它一般由计数得到。计数值数据又可分为计件值数据和计点值数据。

(1) 计件值数据，表示具有某一质量标准的产品个数。如总体中合格品数、一级品数。

(2) 计点值数据，表示个体（单件产品、单位长度、单位面积、单位体积等）上的缺陷数、质量问题点数等。如检验钢结构构件涂料涂装质量时，构件表面的焊渣、焊疤、油污、毛刺的数量等。

四、质量数据的特征值

样本数据特征值是由样本数据计算的描述样本质量数据波动规律的指标。统计推断就是根据这些样本数据特征值来分析、判断总体的质量状况。常用的有描述数据分布集中趋势的算术平均数、中位数和描述数据分布离中趋势的极差、标准偏差、变异系数等。

（一）描述数据集中趋势的特征值

1. 算术平均数

算术平均数又称均值，是消除了个体之间个别偶然的差异，显示出所有个体共性和数据一般水平的统计指标，它由所有数据计算得到，是数据的分布中心，对数据具有代表性。其计算公式为：

(1) 总体算术平均数 μ

$$\mu = \frac{1}{N}(X_1 + X_2 + X_3 + \cdots + X_N) \sum_1^N X_i$$

式中　N——总体中个体数；

X_i——总体中第 i 个的个体质量特性值。

(2) 样本算术平均数 $\bar{x}$

$$\bar{x} = \frac{1}{n}(x_1 + x_2 + x_3 + \cdots + x_n) \sum_1^n x_i$$

式中　n——样本容量；

x_i——样本中第 i 个样品的质量特性值。

2. 样本中位数 $\tilde{x}$

样本中位数是将样本数据按数值大小有序排列后，位置居中的数值。当样本数 n 为奇数时，数列居中的一位数即为中位数；当样本数 n 为偶数时，取居中两个数的平均值作为中位数。

（二）描述数据离散趋势的特征值

1. 极差 R

极差是数据中最大值与最小值之差，是用数据变动的幅度来反映其分散状况的特征值。极差计算简单、使用方便，但粗略数值仅受两个极端值的影响，损失的质量信息多，不能反映中间数据的分布和波动规律。

2. 标准偏差

标准偏差简称标准差或均方差，是个体数据与均值之差平方和的算术平均数的算术根，是大于零的正数。总体的标准差用 σ 表示；样本的标准差用 S 表示。标准差值小说明分布集中程度高，离散程度小，均值对总体（样本）的代表性好；标准差的平方是方差，具有鲜明的数理统计特征，能确切说明数据分布的离散程度和波动规律，是常用的反映数据变异程度的特征值。其计算公式为：

(1) 总体的标准偏差 σ

$$\sigma = \sqrt{\frac{\sum_{i=1}^{N}(x_i - \mu)^2}{N}}$$

(2) 样本的标准偏差 S

$$S = \sqrt{\frac{\sum_{i=1}^{n}(x_i - \bar{x})^2}{n-1}}$$

在样本容量较大（$n \geq 50$）时，上式中的分母（$n-1$）可简化为 n。样本的标准偏差 S 是总体标准差 σ 的无偏估计。

3. 变异系数 C_V

变异系数又称离散系数，是用标准差除以算术平均数得到的相对数。它表示数据的相对离散波动程度。变异系数小，说明分布集中程度高，离散程度小，均值对总体（样本）的代表性好。变异系数消除了数据平均水平不同的影响，适用于均值有较大差异的总体之间离散程度的比较，应用广泛。其计算公式为：

$$C_V = \sigma/\mu\,(总体) \qquad C_V = S/\bar{x}\,(样本)$$

五、质量数据的分布特征

(一) 质量数据的特性

质量数据具有个体数据的波动性和总体（样本）分布的规律性。

当生产过程在稳定正常的情况下，同一总体（样本）的个体产品的质量特性值也不一定是相同的。这种个体间表现形式上的差异性，反映在质量数据上即为个体数值的波动性、随机性。然而当我们运用统计方法对这些大量的个体质量数值进行加工、整理和分析后，就会发现这些产品质量特性值（以计量值数据为例）大多都分布在数值变动范围的中部区域，即有向分布中心靠拢的倾向，表现为数值的集中趋势；还有一部分质量特性值在中心的两侧分布，随着逐渐远离中心，数值的个数变少，表现为数值的离中趋势。质量数据的集中趋势和离中趋势反映了总体（样本）质量变化的内在规律性。

(二) 质量数据波动的原因

影响产品质量主要有五方面因素，即人、材料、机械设备、方法、环境。其中人的因素，包括人的质量意识、技术水平、精神状态等；材料因素，包括材质均匀度、理化性能等；机械设备，包括其先进性、精度、维护保养状况等；方法因素，包括生产工艺、操作方法等；环境因素，包括时间、季节、现场温湿度、噪声干扰等。个体产品质量的表现形式的千差万别就是这些因素综合作用的结果，质量数据也因此具有了波动性。

质量特性值的变化在质量标准允许范围内波动称之为正常波动，是由偶然性原因引起的；若是超越了质量标准允许范围的波动则称之为异常波动，是由系统性原因引起的。

1. 偶然性原因

质量影响因素的微小变化具有随机发生的特点，而且是不可避免、难以测量和控制的，或者是在经济上不值得消除，它们大量存在但对质量的影响很小，属于允许偏差、允许位移范畴，引起的是正常波动，一般不会因此造成废品，生产过程正常稳定。我们把

4M1E因素的这类微小变化称为影响质量的偶然性原因、不可避免的原因或正常原因。

2．系统性原因

当影响质量的因素发生了较大变化，如工人未遵守操作规程、机械设备发生故障或过度磨损、原材料质量规格有显著差异等情况发生时，没有及时排除，生产过程则不正常，产品质量数据就会离散过大或与质量标准有较大偏离，表现为异常波动，次品、废品产生。这就是产生质量问题的系统性原因或异常原因。由于异常波动特征明显，容易识别和避免，特别是对质量的负面影响不可忽视，生产中应该随时监控，及时识别和处理。

（三）质量数据分布的规律性

在产品质量形成的过程中，各影响因素对产品质量影响的程度和方向是不同的，也是在不断改变的。众多因素交织在一起，共同起作用的结果，使各因素引起的差异大多互相抵消，最终表现出来的误差具有随机性。对于在正常生产条件下的大量产品，误差接近零的产品数目要多些，具有较大正负误差的产品要相对少，偏离很大的产品就更少了，同时正负误差绝对值相等的产品数目也非常接近。于是就形成了一个能反映质量数据规律性的分布，即以质量标准为中心的质量数据分布，它可用一个"中间高、两端低、左右对称"的几何图形表示，即一般服从正态分布规律。

实践中通常对只是受许多起微小作用的因素影响的质量数据，都可认为是近似服从正态分布的，如构件的几何尺寸、混凝土强度等；如果是随机抽取的样本，无论它来自的总体是何种分布，在样本容量较大时，其样本均值也将服从或近似服从正态分布。因而，正态分布是最重要、最常见、最广泛的质量数据分布。正态分布概率密度曲线如图5-1所示。

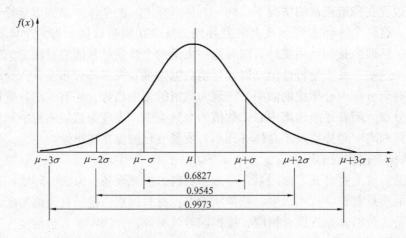

图5-1　正态分布概率密度曲线

第二节　工程质量的统计分析方法

一、统计调查表法

统计调查表法又称统计调查分析法，它是利用专门设计的统计表对质量数据进行收集、整理和粗略分析质量状态的一种方法。

在质量控制活动中，利用统计调查表收集数据，简便灵活，便于整理，实用有效。它没有固定格式，可根据需要和具体情况设计出不同统计调查表。常用的有：

1．分项工程作业质量分布调查表；
2．不合格项目调查表；
3．不合格原因调查表；
4．施工质量检查评定调查表等。

表 5-1 是混凝土空心板外观质量问题调查表。

混凝土空心板外观质量问题调查表 表 5-1

产品名称	混凝土空心板		生产班组		
日生产总数	200 块	生产时间	年 月 日	检查时间	年 月 日
检查方式		全数检查		检查员	
项目名称	检查记录			合 计	
露 筋	正正			9	
蜂 窝	正正一			11	
孔 洞	丁			2	
裂 缝	一			1	
其 他	丁			3	
总 计				26	

应当注意的是，统计调查表往往同分层法结合起来应用，可以更好、更快地找出问题的原因，以便采取改进的措施。

二、分层法

分层法又叫分类法，是将调查收集的原始数据，根据不同的目的和要求，按某一性质进行分组、整理的分析方法。分层的结果使数据各层间的差异突出地显示出来，层内的数据差异减少了。在此基础上再进行层间、层内的比较分析，可以更深入地发现和认识质量问题的原因。由于产品质量是多方面因素共同作用的结果，因而对同一批数据，可以按不同性质分层，使我们能从不同角度来考虑、分析产品存在的质量问题和影响因素。常用的分层方法有：

1．按操作班组或操作者分层；
2．按使用机械设备型号分层；
3．按操作方法分层；
4．按原材料供应单位、供应时间或等级分层；
5．按施工时间分层；
6．按检查手段、工作环境等分层。

例：钢筋焊接质量的调查分析，共检查了 50 个焊接点，其中不合格 19 个，不合格率为 38%。存在严重的质量问题，试用分层法分析质量问题的原因。

现已查明这批钢筋的焊接是由 A、B、C 三个师傅操作的，而焊条是由甲、乙两个厂家提供的。因此，分别按操作者和焊条生产厂家进行分层分析，即考虑一种因素单独的影响，见表 5-2 和表 5-3。

按操作者分层　　表 5-2

操作者	不合格	合　格	不合格率（%）
A	6	13	32
B	3	9	25
C	10	9	53
合计	19	31	38

按供应焊条厂家分层　　表 5-3

工　厂	不合格	合　格	不合格率（%）
甲	9	14	39
乙	10	17	37
合计	19	31	38

由表 5-2 和表 5-3 分层分析可见，操作者 B 的质量较好，不合格率 25%；而不论是采用甲厂还是乙厂的焊条，不合格率都很高且相差不大。为了找出问题之所在，再进一步采用综合分层进行分析，即考虑两种因素共同影响的结果，见表 5-4。

综合分层分析焊接质量　　表 5-4

操作者	焊接质量	甲　厂		乙　厂		合　计	
		焊接点	不合格率（%）	焊接点	不合格率（%）	焊接点	不合格率（%）
A	不合格	6	75	0	0	6	32
	合　格	2		11		13	
B	不合格	0	0	3	43	3	25
	合　格	5		4		9	
C	不合格	3	30	7	78	10	53
	合　格	7		2		9	
合计	不合格	9	39	10	37	19	38
	合　格	14		17		31	

从表 5-4 的综合分层法分析可知，在使用甲厂的焊条时，应采用 B 师傅的操作方法为好；在使用乙厂的焊条时，应采用 A 师傅的操作方法为好，这样会使合格率大大的提高。

分层法是质量控制统计分析方法中最基本的一种方法。其他统计方法一般宜与分层法配合使用。其他统计方法，常常是首先利用分层法将原始数据分门别类，然后再进行统计分析。

三、排列图法

排列图法是利用排列图寻找影响质量主次因素的一种有效方法。排列图又叫帕累托图或主次因素分析图，它是由两个纵坐标、一个横坐标、几个连起来的直方形和一条曲线所组成，如图 5-2 所示。左侧的纵坐标表示频数，右侧纵坐标表示累计频率，横坐标表示影响质量的各个因素或项目，按

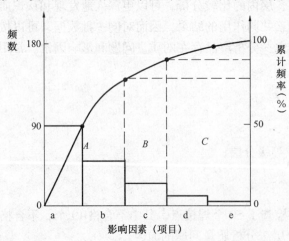

图 5-2　排列图

影响程度大小从左至右排列，直方形的高度示意某个因素的影响大小。实际应用中，通常按累计频率划分为（0%~80%）、（80%~90%）、（90%~100%）三部分，与其对应的影响因素分别为 A、B、C 三类。A 类为主要因素，是重点解决和必须控制的对象；B 类为次要因素，是一般解决和控制的对象；C 类为一般因素，是应引起注意的对象。

排列图可以形象、直观地反映主次因素。其主要应用有：

1. 按不合格点的内容分类，可以分析出造成质量问题的薄弱环节。
2. 按生产作业分类，可以找出生产不合格品最多的关键过程。
3. 按生产班组或单位分类，可以分析比较各单位技术水平和质量管理水平。
4. 将采取提高质量措施前后的排列图对比，可以分析措施是否有效。
5. 此外还可以用于成本费用分析、安全问题分析等。

四、因果分析图法

因果分析图也称特性要因图，是利用因果关系来系统分析整理某个质量问题（结果）与其产生原因之间关系的有效工具。因果分析图，又因其形状常被称为树枝图或鱼刺图。因果分析图由质量特性（即质量结果指某个质量问题）、要因（产生质量问题的主要原因）、枝干（指一系列箭线表示不同层次的原因）、主干（指较粗的直接指向质量结果的水平箭线）等组成。因果分析图基本形式如图 5-3 所示。

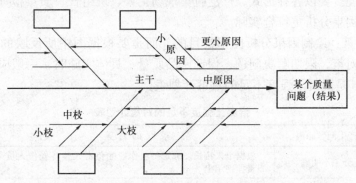

图 5-3 因果分析图基本形式

下面结合实例加以说明因果分析图的绘制方法。

例：绘制混凝土强度不足的因果分析图。因果分析图的绘制步骤与图中箭头方向恰恰相反，是从"结果"开始将原因逐层分解的，具体步骤如下：

1. 明确质量问题（即结果）：该例分析的质量问题是"混凝土强度不足"，作图时首先由左至右画出一条水平主干线，箭头指向一个矩形框，框内注明研究的问题，即结果。
2. 分析确定影响质量特性大的方面原因：一般来说，影响质量因素有五大方面，即人、机械、材料、方法、环境等。另外还可以按产品的生产过程进行分析。
3. 将每种大原因进一步分解为中原因、小原因，直至分解的原因可以采取具体措施加以解决为止。
4. 检查图中的所列原因是否齐全，可以对初步分析结果广泛征求意见，并做必要的补充及修改。
5. 选择出影响大的关键因素，做出标记"△"，以便重点采取措施。

图 5-4 是混凝土强度不足的因果分析图。

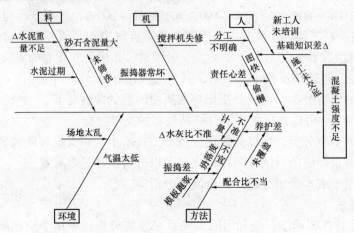

图 5-4 混凝土强度不足的因果分析图

绘制和使用因果分析图时应注意以下问题：

1. 集思广益：绘制者要熟悉专业施工方法技术，要调查、了解施工现场实际条件和操作的具体情况。要以各种形式，广泛收集现场工人、班组长、质量检查员、工程技术人员的意见，使因果分析更符合实际。

2. 制订对策：绘制因果分析图不是目的，而是要根据图中所反映的主要原因，制订改进的措施和对策，限期解决问题，保证产品质量。具体实施时，一般应编制一个对策计划表。如表 5-5 是混凝土强度不足的对策计划表。

混凝土强度不足的对策计划表　　　　　　　　　　　　　表 5-5

项目	序号	产生问题原因	采 取 的 对 策	执行人	完成时间
人	1	分工不明确	根据个人特长、确定每项作业的负责人及各操作人员职责挂牌示出		
	2	基本知识差	①组织学习操作规程；②搞好技术交底		
方法	3	配合比不当	①根据数理统计结果，按施工实际水平进行配比计算；②进行实验		
	4	水灰比不准	①制作试块；②捣制时每半天测砂石含水率一次；③捣制时控制坍落度在 5cm 以下		
	5	计量不准	校正磅秤		
材料	6	水泥重量不足	进行水泥重量统计		
	7	原材料不合格	对砂、石、水泥进行各项指标试验		
	8	砂、石含泥量大	冲洗		
机械	9	振捣器常坏	①使用前检修一次；②施工时配备电工；③备用振捣器		
	10	搅拌机失修	①使用前检修一次；②施工时配备检修工人		
环境	11	场地乱	认真清理，搞好平面布置，现场实行分片制		
	12	气温低	准备草包，养护落实到人		

五、直方图法

直方图法即频数分布直方图法，它是将收集到的质量数据进行分组整理，绘制成频数分布直方图，用以描述质量分布状态的一种分析方法，所以又称质量分布图法。

通过直方图的观察与分析，可了解产品质量的波动情况，掌握质量特性的分布规律，以便对质量状况进行分析判断。同时可通过质量数据特征值的计算，估算施工生产过程总体的不合格品率，评价过程能力等。

（一）直方图的绘制方法

1．收集整理数据

用随机抽样的方法抽取数据，一般要求数据在 50 个以上。下面结合实例加以说明直方图的绘制方法。

例：某建筑施工工地浇筑 C30 混凝土，为对其抗压强度进行质量分析，共收集了 50 份抗压强度试验报告单，经整理如表 5-6 所示。

数据整理表（N/mm²）　　　　　　　　　表 5-6

序 号	抗压强度数据					最大值	最小值
1	39.8	37.7	33.8	31.5	36.1	39.8	31.5
2	37.2	38.0	33.1	39.0	36.0	39.0	33.1
3	35.8	35.2	31.8	37.1	34.0	37.1	31.8
4	39.9	34.3	33.2	40.4	41.2	41.2	33.2
5	39.2	35.4	34.4	38.1	40.3	40.3	34.4
6	42.3	37.5	35.5	39.3	37.3	42.3	35.5
7	35.9	42.4	41.8	36.3	36.2	42.4	35.9
8	46.2	37.6	38.3	39.7	38.0	46.2	37.6
9	36.4	38.3	43.4	38.2	38.0	43.4	36.4
10	44.4	42.0	37.9	38.4	39.5	44.4	37.9

2．计算极差 R

极差 R 是数据中最大值和最小值之差，本例中：

$$x_{\max} = 46.2 \text{N/mm}^2$$

$$x_{\min} = 31.5 \text{N/mm}^2$$

$$R = x_{\max} - x_{\min} = 46.2 - 31.5 = 14.7 \text{N/mm}^2$$

3．数据分组（包括确定组数、组距和组限）

（1）确定组数 κ：数据组数应根据数据多少来确定。组数过少，会掩盖数据的分布规律；组数过多，使数据过于零乱分散，也不能显示出质量分布状况。确定组数的原则是分组的结果能正确地反映数据的分布规律。一般可参考表 5-7 的经验数值确定。本例中取 $\kappa = 8$。

数据分组参考值　　　　　　　　　表 5-7

数据总数 n	分组数 κ	数据总数 n	分组数 κ	数据总数 n	分组数 κ
50~100	6~10	100~250	7~12	250 以上	10~20

（2）确定组距 h：组距是组与组之间的间隔，也即一个组的范围。各组距应相等，于

是有:
$$极差 \approx 组距 \times 组数 \quad 即 R \approx h \times k$$

组数、组距的确定应结合极差综合考虑,并尽量取整,使分组结果能包括全部变量值,同时也便于计算分析。

本例中:
$$h = \frac{R}{k} = \frac{14.7}{8} = 1.8 \approx 2 \text{N/mm}^2$$

(3) 确定组限:组限即每组的最大值(上限)和最小值(下限)的统称。确定组限时应注意使各组之间连续,即较低组上限应为相邻较高组下限。对处于组限值的数据,其解决的办法有二:一是规定每组上(或下)组限不计在该组内,而应计入相邻较高(或较低)组内;二是将组限值较原始数据精度提高半个最小测量单位。

本例采取第一种办法划分组限,即每组上限不计入该组内。首先确定第一组下限:
$$x_{\min} - \frac{h}{2} = 31.5 - \frac{2.0}{2} = 30.5$$

第一组上限: $\quad 30.5 + h = 30.5 + 2 = 32.5$

第二组下限 = 第一组上限 = 32.5

第二组上限: $\quad 32.5 + h = 32.5 + 2 = 34.5$

以下以此类推,最高组限为 44.5～46.5,分组结果覆盖了全部数据。

4. 编制数据频数统计表

将数据在组限范围内的数据个数相加即得到频数,可采用唱票形式进行,频数总和应等于全部数据个数。本例频数统计结果见表5-8。

频 数 统 计 表　　　　　表 5-8

组号	组限 (N/mm²)	频数统计	频 数	组号	组限 (N/mm²)	频数统计	频 数
1	30.5～32.5	丁	2	5	38.5～40.5	正正	9
2	32.5～34.5	正一	6	6	40.5～42.5	正	5
3	34.5～36.5	正正	10	7	42.5～44.5	丁	2
4	36.5～38.5	正正正	15	8	44.5～46.5	一	1
合 计							50

5. 绘制频数分布直方图

从表5-8中可以看出,浇筑C30混凝土,50个试块的抗压强度数据是不同的,但数据分布是有一定规律的,并且是在一个有限范围内变化,而这种变化又有一个集中趋势,即强度值在36.5～38.5范围内的试块最多,可把这个范围(即第四组)视为该样本质量数据的分布中心,随着强度值的逐渐增大和逐渐减小,数据逐渐减少。为了更直观、更形象地表现质量特征值的这种分布规律,应进一步绘制出直方图。

绘制频数分布直方图时,横坐标表示质量特性值,本例中为混凝土强度,并标出各组的组限值;纵坐标表示频数。根据表5-8可以绘制出以组距为底,频数为高的 k 个直方形,便得到混凝土强度的频数分布直方图,如图5-5。

(二) 直方图的观察与分析

1. 观察直方图的形状、判断质量分布状态

绘完直方图后,首先要认真观察直方图的整体形状,看其是否是属于正常型直方图。

正常型直方图就是中间高，两侧底，左右接近对称的图形，如图 5-6（a）所示。

当出现非正常型直方图时，表明生产过程或收集数据作图有问题。这就要求进一步分析判断，找出原因，从而采取措施加以纠正。凡属非正常型直方图，其图形分布有各种不同缺陷，归纳起来一般有五种类型，如图 5-6 所示。

(1) 折齿型：图 5-6（b），是由于分组不当或者组距确定不当出现的直方图。

(2) 左（或右）缓坡型：图 5-6（c），主要是由于操作中对上限（或下限）控制太严造成的。

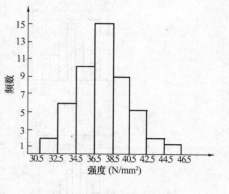

图 5-5 混凝土强度分布直方图

(3) 孤岛型：图 5-6（d），是原材料发生变化，或者临时他人顶班作业造成的。

(4) 双峰型：图 5-6（e），是由于用两种不同方法或两台设备或两组工人进行生产，然后把两方面数据混在一起整理产生的。

(5) 绝壁型：图 5-6（f），是由于数据收集不正常，可能有意识地去掉下限以下的数据，或是在检测过程中存在某种人为因素所造成的。

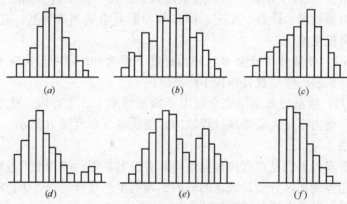

图 5-6 常见的直方图图型
(a) 正常型；(b) 折齿型；(c) 左缓坡型；(d) 孤岛型；(e) 双峰型；(f) 绝壁型

2. 将直方图与质量标准比较，判断实际生产过程能力

绘出直方图后，除了观察直方图形状、分析质量分布状态外，再将正常型直方图与质量标准比较，从而判断实际生产过程能力。正常型直方图与质量标准相比较，一般有如图 5-7 所示六种情况。图 5-7 中：T——质量标准要求界限；B——实际质量特性分布范围。

(1) 图 5-7（a）：B 在 T 中间，质量分布中心 $\bar{x}$ 与质量标准中心 M 重合，实际数据分布与质量标准相比较两边还有一定余地。这样的生产过程质量是很理想的，说明生产过程处于正常的稳定状态。在这种情况下生产出来的产品可认为全都是合格品。

(2) 图 5-7（b）：B 虽然落在 T 内，但质量分布中 $\bar{x}$ 与 T 的中心 M 不重合而偏向一边。这样如果生产状态一旦发生变化，就可能超出质量标准下限而出现不合格品。出现这样情况时应迅速采取措施，使直方图移到中间来。

(3) 图 5-7（c）：B 在 T 中间，且 B 的范围接近 T 的范围，没有余地，生产过程一旦

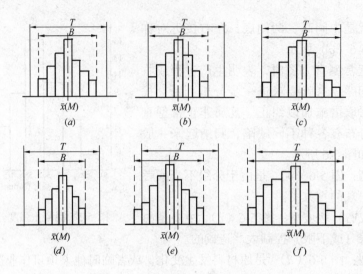

图 5-7 实际质量分析与标准比较

发生小的变化，产品的质量特性值就可能超出质量标准。出现这种情况时，必须立即采取措施，以缩小质量分布范围。

(4) 图 5-7 (d)：B 在 T 中间，但两边余地太大，说明加工过于精细，不经济。在这种情况下，可以对原材料、设备、工艺、操作等控制要求适当放宽些，有目的地使 B 扩大，从而有利于降低成本。

(5) 图 5-7 (e)：质量分布范围 B 已超出标准下限之外，说明已出现不合格品。此时必须采取措施进行调整，使质量分布位于标准之内。

(6) 图 5-7 (f)：质量分布范围完全超出了质量标准上、下界限，散差太大，产生许多废品，说明过程能力不足，应提高过程能力，使质量分布范围 B 缩小。

六、控制图法

控制图又称管理图。它是在直角坐标系内画有控制界限，描述生产过程产品质量波动状态的图形。利用控制图区分质量波动的原因，判明生产过程是否处于稳定状态的方法称为控制图法。它是一种动态质量控制统计分析方法。

控制图的基本形式如图 5-8 所示。横坐标为样本（子样）序号或抽样时间，纵坐标为被控制对象，即被控制的质量特性值。控制图上一般有三条线：上面的一条虚线称为上控制界限，用符号 UCL 表示；下面的一条虚线称为下控制界限，用符号 LCL 表示；中间的一条实线称为中心线，用符号 CL 表示。中心线标志着质量特性值分布的中心位置，上下控制界限标志着质量特性值允许波动范围。

控制图是用样本数据来分析判断生产过程是否处于稳定状态的有效工具。它的用途主要有两个：

1. 过程分析。即分析生产过程是否稳定。它的方法是随机连续收集数据，绘制控制图，观察数据点分布情况并判定生产过程状态。

2. 过程控制。即控制生产过程质量状态。它的方法是定时抽样取得数据，将其变为点子

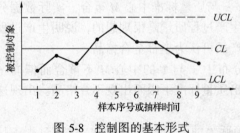

图 5-8 控制图的基本形式

描在图上，发现并及时消除生产过程中的失调现象，预防不合格品的产生。

控制图按用途分为分析和管理控制图：

1. 分析用控制图。一般需连续抽取20~25组样本数据，计算控制界限，主要用来调查分析生产过程是否处于控制状态。

2. 管理用控制图。一般把分析用控制图的控制界限延长作为管理用控制图的控制界限，并按一定的时间间隔取样、计算、打点，根据点子分布情况，判断生产过程是否有异常原因影响，主要用来控制生产过程，使生产过程经常保持稳定状态。

控制图的观察与分析：

判断生产过程是否处于稳定状态，主要是通过对控制图上点子的分布情况的观察与分析。当控制图同时满足以下两个条件：一是点子几乎全部落在控制界限之内；二是控制界限内的点子排列没有缺陷。我们就可以认为生产过程基本上处于稳定状态。如果点子的分布不满足其中任何一条，都应判断生产过程为异常，生产过程处于不稳定状态。

点子几乎全部落在控制界线内，是指应符合下述三个要求：

1. 连续25点以上处于控制界限内；
2. 连续35点中仅有1点超出控制界限；
3. 连续100点中不多于2点超出控制界限。

点子排列没有缺陷，是指点子的排列是随机的，而没有出现异常现象。这里的异常现象是指点子排列出现了"链"、"多次同侧"、"趋势或倾向"、"周期性变动"、"接近控制界限"等情况。

链：是指点子连续出现在中心线一侧的现象。出现5点链，应注意生产过程发展状况；出现6点链，应开始调查原因；出现7点链，应判定工序异常，需采取处理措施。

多次同侧：是指点子在中心线一侧多次出现的现象，也称偏离。下列情况说明生产过程已出现异常：在连续11点中有10点在同侧；在连续14点中有12点在同侧；在连续17点中有14点在同侧；在连续20点中有16点在同侧。

趋势或倾向：是指点子连续上升或连续下降的现象。连续7点或7点以上上升或下降排列，就应判定生产过程有异常因素影响，要立即采取措施。

周期性变动：即点子的排列显示周期性变化的现象。这样即使所有点子都在控制界限内，也应认为生产过程为异常。

点子排列接近控制界限：是指点子落在了$u \pm 2\sigma$以外和$u \pm 3\sigma$以内。如属下列情况的判定为异常：连续3点至少有2点接近控制界限；连续7点至少3点接近控制界限；连续10点至少4点接近控制界限。

随着生产过程的进展，通过抽样取得质量数据把点描在图上，随时观察点子的变化，一是点子落在控制界限外或界限上，即判断生产过程异常，点子即使在控制界限内，也应随时观察其有无缺陷，以便对生产过程正常与否做出判断。

七、相关图法

在质量控制中相关图是用来显示两种质量数据之间关系的一种图形，又称散布图。质量数据之间的关系多属相关关系。一般有三种类型：一是质量特性和影响因素之间的关系；二是质量特性和质量特性之间的关系；三是影响因素和影响因素之间的关系。

我们可以用 Y 和 X 分别表示质量特性值和影响因素，通过绘制散布图，计算相关系数，分析研究两个变量之间是否存在相关关系，以及这种关系密切程度如何，进而对相关程度密切的两个变量，通过对其中一个变量的观察控制，去估计控制另一个变量的数值，以达到保证产品质量的目的。这种统计分析方法称为相关图法。

下面以分析混凝土抗压强度和水灰比之间的关系来说明相关图的绘制方法。

混凝土抗压强度与水灰比统计资料　　　　表 5-9

序 号		1	2	3	4	5	6	7	8
X	水灰比（W/C）	0.4	0.45	0.5	0.55	0.6	0.65	0.7	0.75
Y	强度（N/mm²）	36.3	35.3	28.2	24.0	23.0	20.6	18.4	15.0

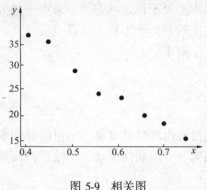

图 5-9　相关图

1. 收集数据

要成对地收集两种质量数据，数据不得过少。本例收集数据如表 5-9 所示。

2. 绘制相关图

在直角坐标系中，一般 x 轴用来代表原因的量或较易控制的量，本例中表示水灰比；y 轴用来代表结果的量或不易控制的量，本例中表示强度。然后将数据中相应的坐标位置上描点，便得到散布图，如图 5-9 所示。

3. 相关图的观察与分析

相关图中点的集合，反映了两种数据之间的散布状况，根据散布状况我们可以分析两个变量之间的关系。归纳起来，有以下六种类型，如图 5-10 所示。

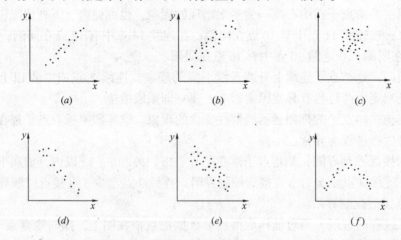

图 5-10　散布图的类型

（a）正相关；（b）弱正相关；（c）不相关；（d）负相关；（e）弱负相关；（f）非线性相关

（1）正相关（图 5-10a）：散布点基本形成由左至右向上变化的一条直线带，即随 x 增加，y 值也相应增加，说明 x 与 y 有较强的制约关系。此时，可通过对 x 控制而有效控制 y 的变化。

(2) 弱正相关（图5-10b）：散布点形成向上较分散的直线带。随 x 值的增加，y 值也有增加趋势，但 x、y 的关系不像正相关那么明确。说明 y 除受 x 影响外，还受其他更重要的因素影响。需要进一步利用因果分析图法分析其他的影响因素。

(3) 不相关（图5-10c）：散布点形成一团或平行于 x 轴的直线带。说明 x 变化不会引起 y 的变化或其变化无规律，分析质量原因时可排除 x 因素。

(4) 负相关（图5-10d）：散布点形成由左向右向下的一条直线带。说明 x 对 y 的影响与正相关恰恰相关。

(5) 弱负相关（图5-10e）：散布点形成由左至右向下分布的较分散的直线带。说明 x 与 y 的相关关系较弱，且变化趋势相反，应考虑寻找影响 y 的其他更重要的因素。

(6) 非线性相关（图5-10f）：散布点呈一曲线带，即在一定范围内 x 增加 y 也增加；超过这个范围 x 增加，y 则有下降趋势，或改变变动的斜率呈曲线形态。

对照图5-10可以看出本例水灰比对强度影响是属于负相关。初步结果是：在其他条件不变情况下，混凝土强度随着水灰比增大有逐渐降低的趋势。

第三节 抽样检验方案

一、抽样检验的几个基本概念

1. 检验

对检验项目中的性能进行测量、检查、试验等，并将结果与标准规定要求进行比较，以确定每项性能是否合格所进行的活动。它包括对每一个体的缺陷数目或某种属性记录的计数检验和对每一个体的某个定量特性的计量检验。

2. 检验批

按同一的生产条件或按规定的方式汇总起来供检验用的，由一定数量样本组成的检验体，检验批是质量验收的最小单位，是工程质量验收的基础。

3. 抽样检验方案

抽样检验方案是根据检验项目特性而确定的抽样数量、接受标准和方法。如在简单的计数值抽样检验方案中，主要是确定样本容量 n 和合格判定数，即允许不合格品件数 c，记为方案（n，c）。

4. 批不合格品率

批不合格品率是指检验批中不合格品数占整个批量的比重。反映了批的质量水平，其计算公式为：

由总体计算：$P = D/N$ 由样本计算：$\rho = d/n$

式中　P、ρ——分别由检验批（总体）、样本计算的批不合格品率；

　　　D、d——分别为检验批、样本中的不合格品件数；

　　　N、n——分别为检验批、样本中的产品件数。

对于计点值数据，若用 C 表示批中的缺陷数时，其质量水平可由下式计算：

$$批的每百单位缺陷数 = 100C/N$$

5. 过程平均批不合格品率

过程平均批不合格品率是指对 κ 批产品首次检验得到的 κ 个批不合格品率的平均数。它可以衡量一个基本稳定的生产过程,在较长时间内所提供产品的质量水平。

6. 接受概率

接受概率又称批合格概率,是根据规定的抽样检验方案将检验批判为合格而接受的概率。一个既定方案的接受概率是产品质量水平,检验批的不合格品率 p 越小,接受概率就越大。

二、常用的抽样检验方案

(一) 标准型抽样检验方案

1. 计数值标准型一次抽样检验方案

计数值标准型一次抽样检验方案是规定在一定样本容量 n 时的最高允许的批合格判定数 c,记作 (n, c),并在一次抽检后给出判断检验批是否合格的结论。c 值一般为可接受的不合格品数,也可以是不合格品率,或者是可接受的每百单位缺陷数。若实际抽检时,检出不合格品数为 d,则:

当 $d \leqslant c$ 时,判定为合格批,接受该检验批;当 $d > c$ 时,判定为不合格批,拒绝该检验批。

2. 计数值标准型二次抽样检验方案

计数值标准型二次抽样检验方案是规定两组参数,即第一次抽检的样本容量 n_1 时的合格判定数 c_1 和不合格判定数 $r_1(c_1 < r_1)$;第二次抽检的样本容量 n_2 时的合格判定数 c_2。在最多两次抽检后就能给出判断检验批是否合格的结论。其检验程序是:

第一次抽检 n_1 后,检出不合格品数为 d_1,则:

当 $d_1 \leqslant c_1$ 时,接受该检验批;当 $d_1 \leqslant r_1$ 时,拒绝该检验批;当 $c_1 < d_1 < r_1$ 时,抽检第二个样本。

第二次抽检 n_2 后,检出不合格品数为 d_2,则:

当 $d_1 + d_2 \leqslant c_2$ 时,接受该检验批;当 $d_1 + d_2 > c_2$ 时,拒绝该检验批。

(二) 分选型抽样检验方案

计数值分选型抽样检验方案基本与计数值标准型一次抽样检验方案相同,只是在抽检后给出检验批是否合格的判断结论和处理有所不同。即实际抽检时,检出不合格品数为 d,则:当 $d < c$ 时,接受该检验批;当 $d > c$ 时,则对该检验批余下的个体产品全数检验。

(三) 调整型抽样检验方案

计数值调整型抽样检验方案是在对正常抽样检验的结果进行分析后,根据产品质量的好坏,过程是否稳定,按照一定的转换规则对下一次抽样检验判断的标准放宽或加严的检验。调整型抽样检验方案标准放宽或加严的规则如图 5-11 所示。

三、抽样检验方案的两类风险

实际抽样检验方案中也都存在两类判断错误。即可能犯第一类错误,将合格批判为不合格批,错误地拒收;也可能犯第二类错误,将不合格批判为合格批,错误地接收。错误的判断将带来相应的风险,这种风险的大小可用概率来表示。如图 5-12 所示。

第一类错误是当 $p = p_0$ 时,以高概率 $L(p) = 1 - \alpha$ 接受检验批,以 α 为拒收概率将合格批判为不合格。由于对合格品的错判将给生产者带来损失,所以关于合格质量水平 p_0

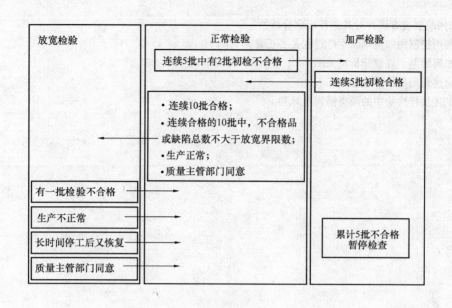

图 5-11 抽样检验标准放宽或加严的规则

的概率 α，又称供应方风险、生产方风险等。

第二类错误是当 $p = p_1$ 时，以高概率（$1 - \beta$）拒绝检验批，以 β 为接收概率将不合格批判为合格。这种错判是将不合格品漏判从而给消费者带来损失，所以关于极限不合格质量水平 p_1 的概率 β，又称使用方风险、消费者风险等。

抽样检验必然存在两类风险，要求通过抽样检验的产品 100% 合格是不合理也是不可能的，除非产品中根本不存在不合格品。抽样检验中，两类风险一般控制的范围是：α 是生产者所要承担的风险，一般控制的范围为 1% ~ 5%；β 是使用者所要承担的风险，一般控制的范围为 5% ~ 10%。对于主控项目，其 α、β 均不宜超过 5%；对于一般项目，α 不宜超过 5%，β 不宜超过 10%。

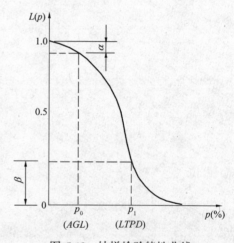

图 5-12 抽样检验特性曲线

思考题与习题

1. 简述总体、样本及质量统计推断工作过程。
2. 简述随机抽样数据收集的方法。
3. 描述质量数据集中趋势、离中趋势的特征值有哪些？如何计算？
4. 质量数据有何特性？
5. 试述质量数据的波动原因及分布的统计规律性。
6. 简述质量控制七种统计分析方法的用途各有哪些？
7. 如何绘制排列图？如何利用排列图找出影响质量的主次因素？
8. 绘制和应用因果分析图时应注意的事项？

9. 如何绘制直方图并对其进行观察分析?
10. 利用控制图如何判断生产过程是否正常?
11. 如何绘制、观察分析相关图?
12. 简述常用的抽样检验方案。
13. 试述抽样检验中的两类错误及风险。

第六章 质量管理体系标准

第一节 概 述

为了推动企业建立完善的质量管理体系，实施充分的质量保证，建立国际贸易所需要的关于质量的共同语言和规则，国际标准化组织（ISO）于1976年成立了TC176（质量管理和质量保证技术委员会），着手研究制订国际间遵循的质量管理和质量保证标准。1987年，ISO/TC 176发布了举世瞩目的ISO 9000系列标准，我国于1988年发布了与之相应的GB/T 10300系列标准，并"等效采用"。为了更好地与国际接轨，又于1992年10月发布了GB/T 19000系列标准，并"等同采用ISO 9000族标准"。1994年国际标准化组织发布了修订后的ISO 9000族标准后，我国及时将其等同转化为国家标准。

为了更好地发挥ISO 9000族标准的作用，使其具有更好的适用性和可操作性，2000年12月15日国际标准化组织正式发布新的ISO 9000、ISO 9001和ISO 9004国际标准。2000年12月28日国家质量技术监督局正式发布GB/T 19000—2000（idt ISO 9000：2000）、GB/T 19001—2000（idt ISO9001：2000）、GB/T 19004—2000（idt ISO 9004：2000）三个国家标准。

一、标准的基本概念

国际标准化组织（ISO）在ISO/IEC指南2—1991《标准化和有关领域的通用术语及其定义》中对标准的定义如下：

标准：为在一定的范围内获得最佳秩序，对活动和其结果规定共同的和重复使用的规则、指导原则或特性文件。该文件经协商一致制订并经一个公认机构的批准（注：标准应以科学、技术和经验的综合成果为基础，并以促进最大社会效益为目的）。

我国的国家标准GB 3935.1—1996中对标准的定义采用了上述的定义。

可以看出标准的基本含义就是"规定"，就是在特定的地域和年限里对其对象做出"一致性"的规定。标准的规定与其他规定有所不同，标准的制定和贯彻以科学技术和实践经验的综合成果为基础，标准是"协商一致"的结果，标准的颁布具有特定的过程和形式。标准的特性表现为科学性与时效性，其本质是"统一"。标准的这一本质赋予标准具有强制性、约束性和法规性。

二、GB/T 19000—2000族标准的简介

（一）GB/T 19000—2000族标准的构成

GB/T 19000—2000族标准由下列四部分组成：

1.GB/T 19000—2000 质量管理体系——基础和术语

GB/T 19000—2000表述质量管理体系并规定质量管理体系术语。

2.GB/T 19001—2000 质量管理体系——要求

GB/T 19001—2000规定质量管理体系要求，用于组织证实其具有提供满足顾客要求和

适用的法规要求的产品的能力，目的在于增进顾客满意。

3.GB/T 19004—2000 质量管理体系——业绩改进指南

GB/T 19004—2000 提供质量管理体系指南，包括持续改进的过程，有助于组织的顾客和其他相关方满意。

4.ISO 19011 质量和环境审核指南

ISO 19011 提供管理与实施环境和质量审核的指南。

该标准由国际标准化组织质量管理和质量保证技术分委员会（ISO/TC176/SC3）与环境管理体系、环境审核与有关的环境调查分委员会（ISO/TC207/SC2）联合制定。

（二）GB/T 19000—2000 族标准的主要特点

1. 标准的结构与内容更好地适用于所有产品类别、不同规模和各种类型的组织。

2. 强调质量管理体系的有效性与效率，引导组织关注顾客和其他相关方、产品与过程，而不仅是程序文件与记录。

3. 对标准要求的适用性进行了更加科学与明确的规定，在满足标准要求的途径与方法方面，提倡组织在确保有效性的前提下，可以根据自身经营管理的特点做出不同的选择，给予组织更多的灵活度。

4. 标准中增加了质量管理八项原则，便于从理念和思路上理解标准的要求。

5. 采用"过程方法"的结构，同时体现了组织管理的一般原理，有助于组织结合自身的生产和经营活动采用标准来建立质量管理体系，并重视有效性的改进与效率的提高。

6. 更加强调最高管理者的作用，包括对建立和持续改进质量管理体系的承诺，确保顾客的需求和期望得到满足，制定质量方针和质量目标并确保得到落实，确保所需的资源，指定管理者代表和主持管理评审等。

7. 将顾客和其他相关方满意或不满意信息的监视作为评价质量管理体系业绩的一种重要手段，强调要以顾客为关注焦点。

8. 突出了"持续改进"是提高质量管理体系有效性和效率的重要手段。

9. 概念明确，语言通俗，易于理解、翻译和使用，术语用概念图形式表达术语间的逻辑关系。

10. 对文件化的要求更加灵活，强调文件应能够为过程带来增值，记录只是证据的一种形式。

11. 强调了 GB/T 19001 作为要求性的标准和 GB/T 19004 作为指南性的标准的协调一致性，有利于组织业绩的持续改进。

12. 提高了与环境管理体系标准等其他管理体系标准的相容性。

第二节 质量管理体系的原则和基础

一、GB/T 19000—2000 族标准质量管理原则

GB/T 19000—2000 族标准为了成功地领导和运作一个组织，针对所有相关方的需求，实施并保持持续改进其业绩的管理体系，做好质量管理工作，确保质量目标的实现，明确了以下八项质量管理原则。

1. 以顾客为关注焦点

组织依存于其顾客。因此，组织应理解顾客当前和未来的需求，满足顾客的要求并争取超越顾客的期望。

组织贯彻实施以顾客为关注焦点的质量管理原则，有助于掌握市场动向，提高市场占有率，提高企业经营效益。以顾客为中心不仅可以稳定老顾客、吸引新顾客，而且可以招来回头客。

实施本原则可使组织了解顾客及其他相关方的需求；可直接与顾客的需求和期望相联系，确保有关的目标和指标；可以提高顾客对组织的忠诚度；能使组织及时抓住市场机遇，做出快速而灵活的反应，从而提高市场占有率，增加收入，提高经济效益。

实施本原则时一般要采取的主要措施包括：全面了解顾客的需求和期望，确保顾客的需求和期望在整个组织中得到沟通，确保组织的各项目标；有计划地、系统地测量顾客满意程度并针对测量结果采取改进措施；在重点关注顾客的前提下，确保兼顾其他相关方的利益，使组织得到全面、持续的发展。

2. 领导作用

强调领导作用的原则，是因为质量管理体系是最高管理者推动的，质量方针和目标是领导组织策划的，组织机构和职能分配是领导确定的，资源配置和管理是领导决定安排的，顾客和相关方要求是领导确认的，企业环境和技术进步、质量体系改进和提高是领导决策的。所以，领导者应将本组织的宗旨、方向和内部环境统一起来，并创造使员工能够充分参与实现组织目标的环境。

实施本原则时一般要采取的措施包括：全面考虑所有相关方的需求，做好发展规划，为组织勾画一个清晰的远景，设定富有挑战性的目标，并实施为达到目标所需的发展战略；在一定范围内给与员工自主权，激发、鼓励并承认员工的贡献，提倡公开和诚恳的交流和沟通，建立宽松、和谐的工作环境，创造并坚持一种共同的价值观，形成企业的精神和企业文化。

3. 全员参与

各级人员是组织之本，只有他们的充分参与，才能使他们的才干为组织带来收益。组织的质量管理有赖于各级人员的全员参与，组织应对员工进行以顾客为关注焦点的质量意识和敬业爱岗的职业道德教育，激励他们的工作积极性和责任感。此外，员工还应具备足够的知识、技能和经验，以胜任工作，实现对质量管理的充分参与。

实施本原则可使全体员工动员起来，积极参与，努力工作，实现承诺，树立起工作责任心和事业心，为实现组织的方针和战略做出贡献。

实施本原则一般要采取的主要措施包括：对员工进行职业道德的教育，教育员工要识别影响他们工作的制约条件；在本职工作中，让员工有一定的自主权，并承担解决问题的责任；把组织的总目标分解到职能部门和层次，激励员工为实现目标而努力，并评价员工的业绩；启发员工积极提高自身素质；在组织内部提倡自由地分享知识和经验，使先进的知识和经验成为共同的财富。

4. 过程方法

过程方法是将活动和相关的资源作为过程进行管理，可以更高效地得到期望的结果。因为过程概念反映了从输入到输出具有完整的质量概念，过程管理强调活动与资源结合，具有投入产出的概念。过程概念体现了用 PDCA 循环改进质量活动的思想。过程管理有助于适时进行测量保证上下工序的质量。通过过程管理可以降低成本、缩短周期，从而可更高效地获得预期效果。

实施本原则可对过程的各个要素进行管理和控制，可以通过有效地使用资源，使组织具有降低成本并缩短周期的能力。可制定更富有挑战性的目标和指标，可建立更经济的人力资源管理过程。

实施本原则一般要采取的措施包括：识别质量管理体系所需要的过程；确定每个过程的关键活动，并明确其职责和义务；确定对过程的运行实施有效控制的准则和方法，实施对过程的监视和测量，并对其结果进行数据分析，发现改进的机会并采取措施。

5. 管理的系统方法

将相互关联的过程作为系统加以识别、理解和管理，有助于组织提高实现目标的有效性和效率。

质量管理的系统方法，就是要把质量管理体系作为一个大系统，对组成质量管理体系的各个过程加以识别、理解和管理，以达到实现质量方针和质量目标。

系统方法可包括系统分析、系统工程和系统管理三大环节。它通过系统地分析有关的数据、资料或客观事实来确定要达到的优化目标。然后通过系统工程，设计或策划为达到目标而应采取的各种资料和步骤，以及应配置的资源，形成一个完整的方案，最后在实施中通过系统管理而取得高有效性和高效率。

实施本原则可使各过程彼此协调一致，能最好地取得所期望的结果；可增强把注意力集中于关键过程的能力。由于体系、产品和过程处于受控状态，组织能向重要的相关方提供对组织的有效性和效率信任。

实施本原则时一般要采取的措施包括：建立一个以过程方法为主体的质量管理体系；明确质量管理过程的顺序和相互作用，使这些过程相互协调；控制并协调质量管理体系的各过程的运行，并规定其运行的方法和程序；通过对质量管理体系的测量和评审，采取措施以持续改进体系，提高组织的业绩。

6. 持续改进

持续改进整体业绩应当是组织的一个永恒的目标。

进行质量管理的目的就是保持和提高产品质量，没有改进就不可能提高。持续改进是增强满足要求能力的循环活动，通过不断寻求改进机会，采取适当的改进方式，重点改进产品的特性和管理体系的有效性。改进的途径可以是日常渐进的改进活动也可以是突破性的改进项目。

坚持持续改进，可提高组织对改进机会快速而灵活的反应能力，增强组织的竞争优势；可通过战略和业务规划，把各项持续改进集中起来，形成更有竞争力的业务计划。

实施本原则时一般要采取的措施包括：使持续改进成为一种制度；对员工提供关于持续改进的方法和工具的培训，使产品、过程和体系的持续改进成为组织内每个员工的目标；为跟踪持续改进规定指导和测量的目标，承认改进的结果。

7. 基于事实的决策方法

有效决策是建立在数据和信息分析的基础上。

对数据和信息的逻辑分析或直觉判断是有效决策的基础。以事实为依据做决策，可以防止决策失误。通过合理运用统计技术来测量、分析和说明产品和过程的变异性，通过对质量信息和资料的科学分析，确保信息和资料的足够准确和可靠，基于对事实的分析、过去的经验和直观判断做出决策并采取行动。

实施本原则可增强通过实际来验证过去决策的正确性的能力，可增强对各种意见和决策进行评审、质疑和更改的能力，发扬民主决策的作风，使决策更切合实际。

实施本原则时一般要采取的措施包括：收集与目标有关的数据和信息，并规定收集信息的种类、渠道和职责；通过鉴别，确保数据和信息的准确性和可靠性；采取各种有效方法，对数据和信息进行分析，确保数据和信息能为使用者得到和利用；根据对事实的分析、过去的经验和直觉判断做出决策并采取行动。

8. 与供方互利的关系

组织与供方是相互依存的，互利的关系可增强双方创造价值的能力。

供方提供的产品将对组织向顾客提供满意的产品产生重要影响，能否处理好与供方的关系，影响到组织能否持续稳定地向顾客提供满意的产品。对供方不能只讲控制，不讲合作与利益，特别对关键供方，更要建立互利互惠的合作关系，这对组织和供方来说都是非常重要的。

实施本原则可增强供需双方创造价值的能力，通过与供方建立合作关系可以降低成本，使资源的配置达到最优化，并通过与供方的合作增强对市场变化联合做出灵活和快速的反应，创造竞争优势。

实施本原则时一般要采取的措施包括：识别并选择重要供方，考虑眼前和长远的利益；创造一个通畅和公开的沟通渠道，及时解决问题联合改进活动；与重要供方共享专门技术、信息和资源，激发、鼓励和承认供方的改进及其成果。

二、质量管理体系的基础

GB/T 19000—2000 标准的第 2 章"质量管理体系基础"中列出了十二条，包括两大部分内容。一部分是八项质量管理原则具体应用于质量管理体系的说明，另一部分是对其他问题的说明。因此这十二条基础既体现了八项原则，又对质量管理体系的某些方面作了指导性说明，起着"承上启下"的作用。

1. 质量管理体系的理论说明

这条是整个质量管理体系基础的总纲。主要是阐明质量管理体系的作用：

(1) 说明质量管理体系的目的就是要帮助组织增强顾客满意。顾客满意程度可以作为衡量一个质量管理体系有效性的总指标。

(2) 说明顾客对组织的重要性。组织依存于顾客，在质量管理八项原则中已经阐明。顾客要求组织提供的产品能够满足他们的需求和期望，这就要求组织对顾客的需求和期望进行整理、分析、归纳和转化为产品特性，并体现在产品技术标准和技术规范中。产品是否被接受，最终取决于顾客，可见顾客意见的重要性。

(3) 说明顾客对组织持续改进的影响。由于顾客的需求和期望是不断变化的，这就促使组织持续改进其产品和过程，这也充分体现了顾客是组织持续改进的推动力之一。

(4) 说明质量管理体系的重要作用。质量管理体系能够帮助组织识别和分析顾客的需求和期望，并能将顾客的需求和期望转化为顾客的要求，并生产出顾客可以接受的产品。质量管理体系还可以推进持续改进，以此提高质量管理体系的有效性和效率，提高顾客的满意度，也能不断地提高组织的经营业绩。

2. 质量管理体系要求与产品要求

质量管理体系的要求是通用的，适用于所有行业或经济领域的各种产品类别，包括硬件、软件、服务和流程性材料；适用于各种行业或经济部门；也适用于各种规模（大、中、小型）的组织。

产品要求是指产品标准、技术规范、合同条款或法律、法规等的规定。产品要求是各种各样和千差万别的，只适用于某种具体的产品。

这两种要求是有区别的，这一点非常重要，不能以为建立和实施了质量管理体系就意味着产品的要求得到了满足，或意味着产品等级的提高，只能说质量管理体系的建立和实施有助于实现产品要求。对一个组织来说，两者缺一不可，不能互相取代，只能相辅相成。

3. 建立质量方针和质量目标的目的和意义

建立质量方针和质量目标的目的就在于为组织提供一个关注的焦点，就是一个组织的与质量有关的总的意图与方向，与质量有关的追求与目的。

质量方针是组织总方针的一部分，应与总方针协调一致。八项质量管理原则是制定质量方针的基础，质量方针应体现八项管理原则的精神。

质量目标应建立在质量方针的基础上，并分解到适当的层次上。在作业上的质量目标是定量的。

建立质量方针和质量目标的意义在于能够使组织统一认识和统一行动，引导质量活动和评价活动结果，最终使顾客满意和组织取得成功。

4. 质量管理体系方法

建立和实施质量管理体系的方法如下：

(1) 确定顾客和相关方的需求和期望；
(2) 建立组织的质量方针和质量目标；
(3) 确定达到质量目标必须的过程和职责；
(4) 确定和提供实现质量目标必需的资源；
(5) 规定测量每个过程的有效性和效率的方法；
(6) 应用这些测量方法确定每个过程的有效性和效率；
(7) 确定防止不合格并消除产生原因的措施；
(8) 建立和应用持续改进质量管理体系的过程。

5. 最高管理者在质量管理体系中的作用

最高管理者通过其领导作用和采取的措施可以创造一个员工充分参与的环境，质量管理体系能够在这种环境中有效运行。最高管理者可将质量管理原则作为发挥其作用的依据，其作用是：

(1) 制定并保持组织的质量方针和质量目标；
(2) 通过增强员工的意识、积极性和参与程度，在整个组织内促进质量方针和质量目标的实现；
(3) 确保整个组织关注顾客要求；
(4) 确保实施适宜的过程以满足顾客和其他相关方要求并实现质量目标；
(5) 确保建立、实施和保持有效的质量管理体系以实现这些质量目标；

(6) 确保获得必要资源；
(7) 定期评审质量管理体系；
(8) 决定有关质量方针和质量目标的措施；
(9) 决定改进质量管理体系的措施。
为了充分发挥最高管理者的作用，应对某些组织最高管理者进行必要的培训，使其明确应该发挥什么作用，如何发挥作用。

6. 过程方法

任何得到输入并将其转化为输出的活动均可视为过程。

为了使组织有效运行，必须识别和管理许多内部相互联系的过程。通常，一个过程的输出将直接形成下一过程的输入。系统识别和管理组织内所使用的过程，特别是这些过程之间的相互作用，称之为"过程方法"。

GB/T 19000—2000 族标准鼓励采用过程方法管理组织。

7. 文件

文件是指"信息及其承载媒体"。

(1) 文件的价值

文件的价值在于传递信息、沟通意图、统一行动，其具体用途是：①满足顾客要求和质量改进；②提供适宜的培训；③重复性（或再现性）和可追溯性；④提供客观证据；⑤评价质量管理体系的有效性和持续适宜性。

(2) 质量管理体系中使用的文件类型

质量管理体系中使用的文件类型主要有质量手册、质量计划、规范、程序、指南、记录等。文件的数量多少、详略程度、使用什么媒体视具体情况而定，一般取决于组织的类型和规模、过程的复杂性和相互作用、产品的复杂性、顾客要求、适用的法规要求、经证实的人员能力、满足体系要求所需证实的程度等。

8. 质量管理体系评价

(1) 质量管理体系过程的评价

由于质量管理体系是由许多相互关联和相互作用的过程构成的，所以对各个过程的评价是体系评价的基础。在评价质量管理体系时，应对每一个被评价的过程，提出如下四个基本问题：①过程是否已被识别并确定相互关系？②职责是否已被分配？③程序是否得到实施和保持？④质量管理体系在实现所要求的结果方面，过程是否有效？

前两个问题，一般可以通过文件审核得到答案，而后两个问题则必须通过现场审核和综合评价才能得到结论。

对上述四个问题的综合回答可以确定评价的结果。

(2) 质量管理体系审核

审核用于评价对质量管理体系要求的符合性和满足质量要求和目标方面的有效性。审查的结果可用于识别改进的机会。

第一方审核用于内部目的，由组织自己或以组织的名义进行，可作为组织自我合格声明的基础。

第二方审核由组织的顾客或由其他人以顾客的名义进行。

第三方审核由外部独立的审核服务组织进行。这类组织通常是经认可的，提供符合

（如 ISO 9001）要求的认证或注册。

ISO 19011 提供了审核指南。

(3) 质量管理体系评审

最高管理者的一项任务是对质量管理体系关于质量方针和目标的适宜性、充分性、有效性和效率进行定期的、系统的评价。这种评审可包括考虑修改质量方针和目标的需求以响应相关方需求和期望的变化。评审包括确定采取措施的需求。

(4) 自我评定

组织的自我评定是一种参照质量管理体系或优秀模式对组织的活动和结果所进行的全面、系统和定期的评审。

使用自我评定方法可提供一种对组织业绩和质量管理体系的成熟程度总的看法，它还能帮助组织识别需要改进的领域并确定优先开展的事项。

9. 持续改进

改进是指为改善产品的特征及特性和（或）提高用于生产和交付产品的过程有效性和效率所开展的活动，它包括：①分析和评价现状，以识别改进的区域；②确定改进目标；③寻求可能的解决办法以实现这些目标；④评价这些解决办法并作出选择；⑤实施决定的解决办法；⑥测量验证、分析和评价实施的结果以确定这些目标已经实现；⑦正式采纳更改（即形成正式的规定）；⑧必要时，对结果进行评审，以确定进一步改进的机会。

改进是一种持续的活动，持续意味着渐近地和不断地进行。改进不仅应注意重大的技术革新和设备改造，更应当重视日常的小改小革和合理化建议等的作用。开展 QC 小组活动是实现持续改进的重要形式。

10. 统计技术的作用

(1) 统计技术可以帮助组织了解变异。这种变异可通过产品和过程的可测量特性观察到，通过统计收集数据，经整理分析，便可了解变化的规律和原因，有助于组织解决问题和提高工作的效率。

(2) 统计技术有助于组织更好地利用所获得的数据进行基于事实的决策，并促进持续改进。

11. 质量管理体系和其他管理体系所关注的目标

质量管理体系是组织管理体系的一部分，它致力于使与质量目标有关的输出（结果）满足相关的需求和期望。

其他管理体系的目标可以是与增长、资金、利润、环境、安全等有关的目标。例如财务管理体系所关注的目标是资金和利润，环境管理体系所关注的目标是环境等。

质量管理体系可与其他管理体系融合为一个使用共同要素的管理体系，使质量目标与其他目标相互补充，共同组成组织的总目标。

12. 质量管理体系与优秀模式之间的关系

所谓组织优秀管理模式指的是像美国的鲍德里奇奖、日本的戴明奖或国家质量管理奖等质量管理模式，也有一些企业自己建立的质量管理模式。

ISO 9000 族标准提出的质量管理体系和优秀模式之间的相同点是：

(1) 使组织能够识别它的强项和弱项；

(2) 包含对按通用模式评价的规定；

(3) 为持续改进提供基础；
(4) 包含外部承认的规定。

两者之间的不同点是：

(1) 应用范围不同。质量管理体系评价确定其是否满足要求。而优秀管理模式包含能够定量评价组织业绩的准则，并且能够适用于组织的全部活动和所有的相关方。

(2) 评价方法不同。质量管理体系的评价方法有质量体系审核、管理体系评审或自我评定等，而优秀模式评定准则允许使用水平对比法。

第三节 质量管理体系的建立、实施与认证

一、质量管理体系的建立与实施

建立和完善质量管理体系，通常包括组织策划与总体设计、质量管理体系的文件编制、质量管理体系的实施运行等三个阶段。

(一) 质量管理体系的策划与总体设计

建立和完善质量管理体系，首先应由最高管理者对质量管理体系进行策划，以满足组织确定的质量目标的要求及质量管理体系的总体要求，在对质量管理体系的变更进行策划和实施时，应保持管理体系的完整性。通过对质量管理体系的策划，确定建立质量管理体系要采用的过程方法模式，从组织的实际出发进行体系的策划和实施，明确是否有剪裁的需求并确保其合理性。ISO 9001 标准引言中指出"一个组织质量管理体系的设计和实施受各种需求、具体目标、所提供产品、所采用的过程以及该组织的规模和结构的影响，统一质量管理体系的结构或文件不是本标准的目的"。

按照国家标准 GB/T 19000 建立一个新的质量管理体系或更新、完善现行的质量管理体系，一般有以下步骤。

1．企业领导决策

企业主要领导要下决心走质量效益型的发展道路，有建立质量管理体系的迫切需要。建立质量管理体系涉及企业内部很多部门参加的一项全面性的工作，如果没有企业主要领导亲自领导、亲自实践和统筹安排，是很难搞好这项工作的。因此，领导真心实意地要求建立质量管理体系，是建立、健全质量管理体系的首要条件。

2．编制工作计划

工作计划包括培训教育、体系分析、职能分配、文件编制、配备仪器仪表设备等内容。

3．分层次教育培训

组织学习 GB/T19000 系列标准，结合本企业的特点，了解建立质量管理体系的目的和作用，详细研究与本职工作有直接联系的要素，提出控制要素的办法。

4．分析企业特点

结合企业的特点和具体情况，确定采用哪些要素和采用程度。要素要对控制工程实体质量起主要作用，能保证工程的适用性、符合性。

5．落实各项要素

企业在选好合适的质量体系要素后，要进行二级要素展开，制订实施二级要素所必需

的质量活动计划，并把各项质量活动落实到具体部门或个人。

企业在领导的亲自主持下，合理地分配各级要素与活动，使企业各职能部门都明确各自在质量管理体系中应担负的责任、应开展的活动和各项活动的衔接办法。分配各级要素与活动的一个重要原则就是责任部门只能是一个，但允许有若干个配合部门。

在各级要素和活动分配落实后，为了便于实施、检查和考核，还要把工作程序文件化，即把企业的各项管理标准、工作标准、质量责任制、岗位责任制形成与各级要素和活动相对应的有效运行的文件。

6. 编制质量管理体系文件

质量管理体系文件按其作用可分为法规性文件和见证性文件两类。质量管理体系法规性文件是用以规定质量管理工作的原则，阐述质量管理体系的构成，明确有关部门和人员的质量职能，规定各项活动的目的要求、内容和程序的文件。在合同环境下这些文件是供方向需方证实质量管理体系适用性的证据。质量管理体系的见证性文件是用以表明质量管理体系的运行情况和证实其有效性的文件（如质量记录、报告等）。这些文件记载了各质量管理体系要素的实施情况和工程实体质量的状况，是质量管理体系运行的见证。

（二）质量管理体系文件的编制

质量管理体系文件的编制应在满足标准要求、确保控制质量、提高组织全面管理水平的情况下，建立一套高效、简单、实用的质量管理体系文件。质量管理体系文件包括质量手册、质量管理体系程序文件、质量记录等部分组成。

1. 质量手册

（1）质量手册的性质和作用

质量手册是组织质量工作的"基本法"，是组织最重要的质量法规性文件，它具有强制性质。质量手册应阐述组织的质量方针，概述质量管理体系的文件结构并能反映组织质量管理体系的总貌，起到总体规划和加强各职能部门间协调作用。对组织内部，质量手册起着确立各项质量活动及其指导方针和原则的重要作用，一切质量活动都应遵循质量手册，对组织外部，它既能证实符合标准要求的质量管理体系的存在，又能向顾客或认证机构描述清楚质量管理体系的状况。同时质量手册是使员工明确各类人员职责的良好管理工具和培训教材。质量手册便于克服由于员工流动对工作连续性的影响。质量手册对外提供了质量保证能力的说明，是销售广告有益的补充，也是许多招标项目所要求的投标必备文件。

（2）质量手册的编制要求

质量手册的编制应遵循 ISO—100013"质量手册编制指南"的要求进行，质量手册应说明质量管理体系覆盖哪些过程和要素，每个过程和要素应开展哪些控制活动，对每个活动需要控制到什么程度，能提供什么样的质量保证等，都应做出明确的交待。质量手册提出的各项要素的控制要求，应在质量管理体系程序和作业文件中做出可操作实施的安排。质量手册对外不属于保密文件，为此编写时要注意适度，既要让外部看清楚质量管理体系的全貌，又不宜涉及控制的细节。

2. 质量管理体系程序文件

（1）概述

质量管理体系程序文件是质量管理体系的重要组成部分，是质量手册的具体展开和有力支撑。质量管理体系程序可以是质量管理手册的一部分，也可以是质量手册的具体展开。对于较小的企业有一本包括质量管理体系程序的质量手册足矣，而对于大中型企业在安排质量管理体系程序时，应注意各个层次文件之间的相互衔接关系，下一层的文件应有力地支撑上一层次文件。质量管理体系程序文件的范围和详略程度取决于组织的规模、产品类型、过程的复杂程度、方法和相互作用以及人员素质等因素。程序文件不同于一般的业务工作规范或工作标准所列的具体工作程序，而是对质量管理体系的过程方法所需开展的质量活动的描述。对每个质量管理程序来说，都应视需要明确何时、何地、何人、做什么、为什么、怎么做（即5W1H），应保留什么记录。

(2) 质量管理体系程序的内容

按ISO 9001：2000标准的规定，质量管理程序应至少包括下列6个程序：

① 文件控制程序；

② 质量记录控制程序；

③ 内部质量审核程序；

④ 不合格控制程序；

⑤ 纠正措施程序；

⑥ 预防措施程序。

3. 质量计划

质量计划是对特定的项目、产品、过程或合同，规定由谁及何时应使用哪些程序相关资源的文件。质量手册和质量管理体系程序所规定的是各种产品都适用的通用要求和方法。但各种特定产品都有其特殊性，质量计划是一种工具，它将某产品、项目或合同的特定要求与现行的通用的质量管理体系程序相连接。质量计划在顾客特定要求和原有质量管理体系之间架起一座"桥梁"，从而大大提高了质量管理体系适应各种环境的能力。

质量计划在企业内部作为一种管理方法，使产品的特殊质量要求能通过有效的措施得以满足。在合同情况下，组织使用质量计划向顾客证明其如何满足特定合同的特殊质量要求，并作为顾客实施质量监督的依据。合同情况下如果顾客明确提出编制质量计划的要求，则组织编制的质量计划需要取得顾客的认可，一旦得到认可，组织必须严格按计划实施，顾客将用质量计划来评定组织是否能履行合同规定的质量要求。实施过程中组织对质量计划的较大修改都需征得顾客的同意。通常，组织对外的质量计划应与质量手册、质量管理体系程序一起使用，系统描述针对具体产品是如何满足GB/T 19001—ISO 9001的要求，质量计划可以引用手册或程序文件中的适用条款。产品（或项目）的质量计划是针对具体产品（或项目）的特殊要求，以及应重点控制的环节所编制的对设计、采购、制造、检验、包装、运输等的质量控制方案。

4. 质量记录

质量记录是"阐明所取得的结果或提供所完成活动的证据文件"。它是产品质量水平和企业质量管理体系中各项质量活动结果的客观反映，应如实加以记录，用以证明达到了合同所要求的产品质量，并证明对合同中提出的质量保证要求予以满足的程度。如果出现偏差，则质量记录应反映出针对不足之处采取了哪些纠正措施。

质量记录应字迹清晰、内容完整，并按所记录的产品和项目进行标识，记录应注明日期并经授权人员签字、盖章或作其他审定后方能生效。一旦发生问题，应能通过记录查明情况，找出原因和责任者，有针对性地采取防止重复发生的有效措施。质量记录应安全地贮存和维护，并根据合同要求考虑如何向需方提供。

（三）质量管理体系的实施

为保证质量管理体系的有效运行，要做到两个到位：一是认识到位。思想认识是看待问题、处理问题的出发点，人们认识的不同，决定了处理问题的方式和结果的差异。组织的各级领导对问题的认识直接影响本部门质量管理体系的实施效果。如：有人认为搞质量管理体系认证是"形式主义"，对文件及质量记录控制的种种规定是"多此一举"。因此，对质量管理体系的建立与运行问题一定要达成共识。二是管理考核到位。这就要求根据职责和管理内容不折不扣的按质量管理体系运作，并实施监督和考核。

开展纠正与预防活动，充分发挥内审的作用是保证质量管理体系有效运行的重要环节。内审是由经过培训并取得内审资格的人员对质量管理体系的符合性及有效性进行验证的过程。对内审中发现的问题，要制定纠正及预防措施，进行质量的持续改进，内审作用发挥的好坏与贯标认证的实效有着重要的关系。

二、质量认证

（一）质量认证的基本概念

质量认证是第三方依据程序对产品、过程或服务符合规定的要求给予书面保证（合格证书）。质量认证包括产品质量认证和质量管理体系认证两方面。

1. 产品质量认证

产品质量认证按认证性质划分可分为安全认证和合格认证。

（1）安全认证：对于关系国计民生的重大产品，有关人身安全、健康的产品，必须实施安全认证。此外，实行安全认证的产品，必须符合《标准化法》中有关强制性标准的要求。

（2）合格认证：凡实行合格认证的产品，必须符合《标准化法》规定的国家标准或行业标准要求。

2. 质量认证的表示方法

质量认证有两种表示方法，即认证证书和认证合格标志。

（1）认证证书（合格证书）：它是由认证机构颁发给企业的一种证明文件，它证明某项产品或服务符合特定标准或技术规范。

（2）认证标志（合格标志）：由认证机构设计并公布的一种专用标志，用以证明某项产品或服务符合特定标准或规范。经认证机构批准，使用在每台（件）合格出厂的认证产品上。认证标志是质量标志，通过标志可以向购买者传递正确可靠的质量信息，帮助购买者识别认证的商品与非认证的商品，指导购买者购买自己满意的产品。

认证标志为方圆标志，长城标志和PRC标志，如图6-1所示，其中方圆标志又分为合格认证标志和安全认证标志。

3. 质量管理体系认证

质量管理体系认证始于机电产品，由于产品类型由硬件拓宽到软件、流程性材料和服务领域，使得各行各业都可以按标准实施质量管理体系认证。从目前的情况来看，除涉及安全和健康领域产品认证必不可少之外，在其他领域内，质量管理体系认证的作用要比产品认证的作用大得多，并且质量管理体系认证具有以下特征：

合格认证标志　　　安全认证标志　　　长城标志　　　PRC标志

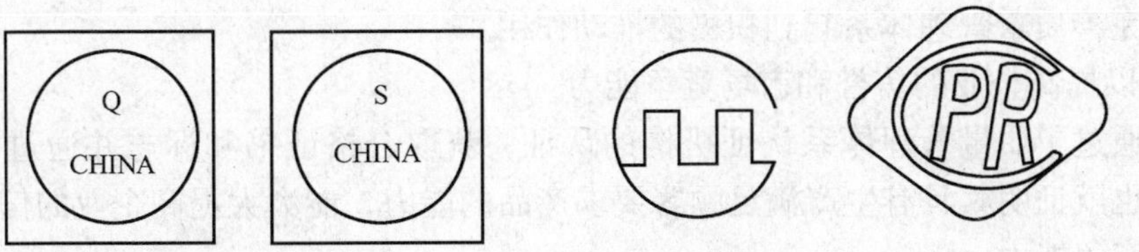

图 6-1　我国产品质量认证标志

（1）由具有第三方公正地位的认证机构进行客观的评价，作出结论，若通过则颁发认证证书。审核人员要具有独立性和公正性，以确保认证工作客观公正地进行。

（2）认证的依据是质量管理体系的要求标准，即 GB/T 19001，而不能依据质量管理体系的业绩改进指南标准即 GB/T 19004 来进行，更不能依据具体的产品质量标准。

（3）认证过程中的审核是围绕企业的质量管理体系要求的符合性和满足质量要求和目标方面的有效性来进行。

（4）认证的结论不是证明具体的产品是否符合相关的技术标准，而是质量管理体系是否符合 ISO 9001 即质量管理体系要求标准，是否具有按规范要求，保证产品质量的能力。

（5）认证合格标志，只能用于宣传，不能将其用于具体的产品上。

产品认证和质量管理体系认证的比较如表 6-1 所示。

产品认证和质量管理体系认证的比较　　表 6-1

项　目	产　品　认　证	质量管理体系认证
对　象	特定产品	企业的质量管理体系
获准认证条件	（1）产品质量符合指定标准要求。 （2）质量管理体系符合 ISO 9001 标准的要求	质量管理体系符合 ISO 9001 标准的要求
证明方式	产品认证证书；认证标志	质量管理体系认证（注册）证书；认证标记
证明的使用	证书不能用于产品；标志可以用于获准认证的产品	证书和标记都不能在产品上使用
性　质	自愿性；强制性	自愿性
两者的关系	获得产品认证资格的企业一般无需再申请质量管理体系认证（除非申请的质量保证标准不同）	获得质量管理体系认证资格的企业可以再申请特定产品的认证，但免除对质量管理体系通用要求的检查

（二）质量认证的意义

近年来随着现代工业的发展和国际贸易的进一步增长，质量认证制度得到了世界各国的普遍重视。通过一个公正的第三方认证机构对产品或质量管理体系做出正确、可信的评价，从而使他们对产品质量建立信心，这种作法对供需双方以及整个社会都有十分重要的意义。

1. 通过实施质量认证可以促进企业完善质量管理体系

企业要想获取第三方认证机构的质量管理体系认证或按典型产品认证制度实施的产品认证，都需要对其质量管理体系进行检查和完善，以保证认证的有效性，并在实施认证时，对其质量管理体系实施检查和评定中发现的问题，均需及时地加以纠正，所有这些都会对企业完善质量管理体系起到积极的推动作用。

2. 可以提高企业的信誉和市场竞争能力

企业通过了质量管理体系认证机构的认证，获取合格证书和标志并通过注册加以公布，从而也就证明其具有生产满足顾客要求产品的能力，能大大提高企业的信誉，增加了企业市场竞争能力。

3. 有利于保护供需双方的利益

实施质量认证，一方面对通过产品质量认证或质量管理体系认证的企业准予使用认证标志或予以注册公布，使顾客了解哪些企业的产品质量是有保证的，从而可以引导顾客防止误购不符合要求的产品，起到保护消费者利益的作用。并且由于实施第三方认证，对于缺少测试设备、缺少有经验的人员或远离供方的用户来说带来了许多方便，同时也降低了进行重复检验和检查的费用。另一方面如果供方建立了完善的质量管理体系，一旦发生质量争议，也可以把质量管理体系作为自我保护的措施，较好地解决质量争议。

4. 有利于国际市场的开拓，增加国际市场的竞争能力

认证制度已发展成为世界上许多国家的普遍做法，各国的质量认证机构都在设法通过签订双边或多边认证合作协议，取得彼此之间的相互认可，企业一旦获得国际上有权威的认证机构的产品质量认证或质量管理体系注册，便会得到各国的认可，并可享受一定的优惠待遇，如免检、减免税和优价等。

(三) 质量管理体系认证的实施程序

1. 提出申请

申请单位向认证机构提出书面申请。

(1) 申请单位填写申请书及附件。附件的内容是向认证机构提供关于申请认证质量管理体系的质量保证能力情况，一般应包括：一份质量手册的副本，申请认证质量管理体系所覆盖的产品名录、简介；申请方的基本情况等。

(2) 认证申请的审查与批准

认证机构收到申请方的正式申请后，将对申请方的申请文件进行审查。审查的内容包括填报的各项内容是否完整正确，质量手册的内容是否覆盖了质量管理体系要求标准的内容等。经审查符合规定的申请要求，则决定接受申请，由认证机构向申请单位发出"接受申请通知书"，并通知申请方下一步与认证有关的工作安排，预交认证费用。若经审查不符合规定的要求，认证机构将及时与申请单位联系，要求申请单位作必要的补充或修改，符合规定后再发出"接受申请通知书"。

2. 认证机构进行审核

认证机构对申请单位的质量管理体系审核是质量管理体系认证的关键环节，其基本工作程序是：

(1) 文件审核。文件审核的主要对象是申请书的附件，即申请单位的质量手册及其他说明申请单位质量管理体系的材料。

(2) 现场审核。现场审核的主要目的是通过查证质量手册的实际执行情况，对申请单位质量管理体系运行的有效性做出评价，判定是否真正具备满足认证标准的能力。

(3) 提出审核报告。现场审核工作完成后，审核组要编写审核报告，审核报告是现场检查和评价结果的证明文件，并需经审核组全体成员签字，签字后报送审核机构。

3．审批与注册发证

认证机构对审查组提出的审核报告进行全面的审查。经审查若批准通过认证，则认证机构予以注册并颁发注册证书。若经审查需要改进后方可批准通过认证，则由认证机构书面通知申请单位需要纠正的问题及完成修正的期限，到期再作必要的复查和评价，证明确实达到了规定的条件后，仍可批准认证并注册发证。经审查，若决定不予批准认证，则由认证机构书面通知申请单位，并说明不予通过的理由。

4．获准认证后的监督管理

认证机构对获准认证（有效期为3年）的供方质量管理体系实施监督管理。这些管理工作包括：供方通报、监督检查、认证注销、认证暂停、认证撤销、认证有效期的延长等。

5．申诉

申请方、受审核方、获证方或其他方，对认证机构的各项活动持有异议时，可向其认证机构或上级主管部门提出申诉或向人民法院起诉。认证机构应对申诉及时做出处理。

思考题与习题

1. GB/T 19000—2000 族标准的构成和特点是什么？
2. GB/T 19000—2000 族标准质量管理八大原则是什么？
3. 质量管理体系建立程序应包括哪些内容。
4. 说明质量管理体系认证的特征。
5. 说明质量管理体系认证的实施程序。
6. 说明质量管理体系认证的意义。

附录 施工质量验收表式

施工现场质量管理检查记录　　开工日期：　　　　　表 A

工程名称			施工许可证（开工证）	
建设单位			项目负责人	
设计单位			项目负责人	
监理单位			总监理工程师	
施工单位		项目经理	项目技术负责人	

序号	项　目	内　容
1	现场质量管理制度	
2	质量责任制	
3	主要专业工种操作上岗证书	
4	分包方资质与对分包单位的管理制度	
5	施工图审查情况	
6	地质勘察资料	
7	施工组织设计、施工方案及审批	
8	施工技术标准	
9	工程质量检验制度	
10	搅拌站及计量设置	
11	现场材料、设备存放与管理	
12		

检查结论：

总监理工程师
（建设单位项目负责人）：　　　　　年　月　日

建筑工程分部工程、分项工程划分　　　　表 B

序号	分部工程	子分部工程	分项工程
1	地基与基础	无支护土方	土方开挖、土方回填
		有支护土方	排桩，降水、排水、地下连续墙、锚杆、土钉墙、水泥土桩、沉井与沉箱，钢及混凝土支撑
		地基处理	灰土地基、砂和砂石地基、碎砖三合土地基、土工合成材料地基，粉煤灰地基，重锤夯实地基，强夯地基，振冲地基，砂桩地基，预压地基，高压喷射注浆地基，土和灰土挤密桩地基，注浆地基，水泥粉煤灰碎石桩地基，夯实水泥土桩地基
		桩基	锚杆静压桩及静力压桩，预应力离心管桩，钢筋混凝土预制桩，钢桩，混凝土灌注桩（成孔、钢筋笼、清孔、水下混凝土灌注）
		地下防水	防水混凝土，水泥砂浆防水层，卷材防水层，涂料防水层，金属板防水层，塑料板防水层，细部构造，喷锚支护，复合式衬砌，地下连续墙，盾构法隧道；渗排水、盲沟排水，隧道、坑道排水；预注浆、后注浆，衬砌裂缝注浆
		混凝土基础	模板、钢筋、混凝土，后浇带混凝土，混凝土结构缝处理
		砌体基础	砖砌体，混凝土砌块砌体，配筋砌体，石砌体
		劲钢（管）混凝土	劲钢（管）焊接、劲钢（管）与钢筋的连接，混凝土
		钢结构	焊接钢结构、栓接钢结构，钢结构制作，钢结构安装，钢结构涂装
2	主体结构	混凝土结构	模板，钢筋，混凝土，预应力，现浇结构，装配式结构
		劲钢（管）混凝土结构	劲钢（管）焊接，螺栓连接，劲钢（管）与钢筋的连接，劲钢（管）制作、安装，混凝土
		砌体结构	砖砌体，混凝土小型空心砌块砌体，石砌体，填充墙砌体，配筋砖砌体
		钢结构	钢结构焊接，紧固件连接，钢零部件加工，单层钢结构安装，多层及高层钢结构安装，钢结构涂装，钢构件组装，钢构件预拼装，钢网架结构安装，压型金属板
		木结构	方木和原木结构，胶合木结构，轻型木结构，木构件防护
		网架和索膜结构	网架制作，网架安装，索膜安装，网架防火，防腐涂料
3	建筑装饰装修	地面	整体面层：基层，水泥混凝土面层，水泥砂浆面层，水磨石面层，防油渗面层，水泥钢（铁）屑面层，不发火（防爆的）面层；板块面层：基层，砖面层（陶瓷锦砖、缸砖、陶瓷地砖和水泥花砖面层），大理石面层和花岗岩面层，预制板块面层（预制水泥混凝土，水磨石板块面层），料石面层（条石、块石面层），塑料板面层，活动地板面层，地毯面层；木竹面层：基层，实木地板面层(条材、块材面层)，实木复合地板面层(条材、块材面层)，中密度(强化)复合地板面层(条材面层)，竹地板面层
		抹灰	一般抹灰，装饰抹灰，清水砌体勾缝
		门窗	木门窗制作与安装，金属门窗安装，塑料门窗安装，特种门安装，门窗玻璃安装
		吊顶	暗龙骨吊顶，明龙骨吊顶
		轻质隔墙	板材隔墙，骨架隔墙，活动隔墙，玻璃隔墙
		饰面板（砖）	饰面板安装，饰面砖粘贴
		幕墙	玻璃幕墙，金属幕墙，石材幕墙
		涂饰	水性涂料涂饰，溶剂型涂料涂饰，美术涂饰
		裱糊与软包	裱糊，软包
		细部	橱柜制作与安装，窗帘盒、窗台板和暖气罩制作与安装，门窗套制作与安装，护栏和扶手制作与安装，花饰制作与安装

续表

序号	分部工程	子分部工程	分项工程
4	建筑屋面	卷材防水屋面	保温层，找平层，卷材防水层，细部构造
		涂膜防水屋面	保温层，找平层，涂膜防水层，细部构造
		刚性防水屋面	细石混凝土防水层，密封材料嵌缝，细部构造
		瓦屋面	平瓦屋面，油毡瓦屋面，金属板屋面，细部构造
		隔热屋面	架空屋面，蓄水屋面，种植屋面
5	建筑给水、排水及采暖	室内给水系统	给水管道及配件安装，室内消火栓系统安装，给水设备安装，管道防腐，绝热
		室内排水系统	排水管道及配件安装，雨水管道及配件安装
		室内热水供应系统	管道及配件安装，辅助设备安装，防腐，绝热
		卫生器具安装	卫生器具安装，卫生器具给水配件安装，卫生器具排水管道安装
		室内采暖系统	管道及配件安装，辅助设备及散热器安装，金属辐射板安装，低温热水地板辐射采暖系统安装，系统水压试验及调试，防腐，绝热
		室外给水管网	给水管道安装，消防水泵接合器及室外消火栓安装，管沟及井室
		室外排水管网	排水管道安装，排水管沟与井池
		室外供热管网	管道及配件安装，系统水压试验及调试，防腐，绝热
		建筑中水系统及游泳池系统	建筑中水系统管道及辅助设备安装，游泳池水系统安装
		供热锅炉及辅助设备安装	锅炉安装，辅助设备及管道安装，安全附件安装，烘炉、煮炉和试运行，换热站安装，防腐，绝热
6	建筑电气	室外电气	架空线路及杆上电气设备安装，变压器、箱式变电所安装，成套配电柜、控制柜（屏、台）和动力、照明配电箱（盘）及控制柜安装，电线、电缆导管和线槽敷设，电线、电缆穿管和线槽敷线，电缆头制作、导线连接和线路电气试验，建筑物外部装饰灯具、航空障碍标志灯和庭院路灯安装，建筑照明通电试运行，接地装置安装
		变配电室	变压器、箱式变电所安装，成套配电柜、控制柜（屏、台）和动力、照明配电箱（盘）安装，裸母线、封闭母线、插接式母线安装，电缆沟内和电缆竖井内电缆敷设，电缆头制作、导线连接和线路电气试验，接地装置安装，避雷引下线和变配电室接地干线敷设
		供电干线	裸母线、封闭母线、插接式母线安装，桥架安装和桥架内电缆敷设，电缆沟内和电缆竖井内电缆敷设，电线、电缆导管和线槽敷设，电线、电缆穿管和线槽敷线，电缆头制作、导线连接和线路电气试验
		电气动力	成套配电柜、控制柜（屏、台）和动力、照明配电箱（盘）及安装，低压电动机、电加热器及电动执行机构检查、接线，低压电气动力设备检测、试验和空载试运行，桥架安装和桥架内电缆敷设，电线、电缆导管和线槽敷设，电线、电缆穿管和线槽敷线，电缆头制作、导线连接和线路电气试验，插座、开关、风扇安装
		电气照明安装	成套配电柜、控制柜（屏、台）和动力、照明配电箱（盘）安装，电线、电缆导管和线槽敷设，电线、电缆穿管和线槽敷线，槽板配线，钢索配线，电缆头制作、导线连接和线路电气试验，普通灯具安装，专用灯具安装，插座、开关、风扇安装，建筑照明通电试运行

续表

序号	分部工程	子分部工程	分项工程
6	建筑电气	防雷及接地安装	接地装置安装，避雷引下线和变配电室接地干线敷设，建筑物等电位连接，接闪器安装
		备用和不间断电源安装	成套配电柜、控制柜（屏、台）和动力、照明配电箱（盘）安装，柴油发电机组安装，不间断电源的其他功能单元安装，裸母线、封闭母线、插接式母线安装，电线、电缆导管和线槽敷设，电线、电缆导管和线槽敷线，电缆头制作、导线连接和线路电气试验，接地装置安装
7	智能建筑	通信网络系统	通信系统，卫星及有线电视系统，公共广播系统
		办公自动化系统	计算机网络系统，信息平台及办公自动化应用软件，网络安全系统
		建筑设备监控系统	空调与通风系统，变配电系统，照明系统，给排水系统，热源和热交换系统，冷冻和冷却系统，电梯和自动扶梯系统，中央管理工作站与操作分站，子系统通信接口
		火灾报警及消防联动系统	火灾和可燃气体探测系统，火灾报警控制系统，消防联动系统
		安全防范系统	电视监控系统，入侵报警系统，巡更系统，出入口控制（门禁）系统，停车管理系统
		综合布线系统	缆线敷设和终接，机柜、机架、配线架的安装，信息插座和光缆芯线终端的安装
		智能化集成系统	集成系统网络，实时数据库，信息安全，功能接口
		电源与接地	智能建筑电源，防雷及接地
		环境	空间环境，室内空调环境，视觉照明环境，电磁环境
		住宅（小区）智能化系统	火灾自动报警及消防联动系统，安全防范系统（含电视监控系统、入侵报警系统、巡更系统、门禁系统、楼宇对讲系统、住户对讲呼救系统、停车管理系统），物业管理系统（多表现场计量及与远程传输系统、建筑设备监控系统、公共广播系统、小区网络及信息服务系统、物业办公自动化系统），智能家庭信息平台
8	通风与空调	送排风系统	风管与配件制作，部件制作，风管系统安装，空气处理设备安装，消声设备制作与安装，风管与设备防腐，风机安装，系统调试
		防排烟系统	风管与配件制作，部件制作，风管系统安装，防排烟风口、常闭正压风口与设备安装，风管与设备防腐，风机安装，系统调试
		除尘系统	风管与配件制作，部件制作，风管系统安装，除尘器与排污设备安装，风管与设备防腐，风机安装，系统调试
		空调风系统	风管与配件制作，部件制作，风管系统安装，空气处理设备安装，消声设备制作与安装，风管与设备防腐，风机安装，风管与设备绝热，系统调试
		净化空调系统	风管与配件制作，部件制作，风管系统安装，空气处理设备安装，消声设备制作与安装，风管与设备防腐，风机安装，风管与设备绝热，高效过滤器安装，系统调试
		制冷设备系统	制冷机组安装，制冷剂管道及配件安装，制冷附属设备安装，管道及设备的防腐与绝热，系统调试
		空调水系统	管道冷热（媒）水系统安装，冷却水系统安装，冷凝水系统安装，阀门及部件安装，冷却塔安装，水泵及附属设备安装，管道与设备的防腐与绝热，系统调试

续表

序号	分部工程	子分部工程	分项工程
9	电梯	电力驱动的曳引式或强制式电梯安装	设备进场验收，土建交接检验，驱动主机，导轨，门系统，轿厢，对重（平衡重），安全部件，悬挂装置，随行电缆，补偿装置，电气装置，整机安装验收
		液压电梯安装	设备进场验收，土建交接检验，液压系统，导轨，门系统，轿厢，对重（平衡重），安全部件，悬挂装置，随行电缆，电气装置，整机安装验收
		自动扶梯、自动人行道安装	设备进场验收，土建交接检验，整机安装验收

室外工程划分　　　　　表 C

单位工程	子单位工程	分部（子分部）工程
室外建筑环境	附属建筑	车棚，围墙，大门，挡土墙，垃圾收集站
	室外环境	建筑小品，道路，亭台，连廊，花坛，场坪绿化
室外安装	给排水与采暖	室外给水系统，室外排水系统，室外供热系统
	电　气	室外供电系统，室外照明系统

检验批质量验收记录　　　　　表 D

工程名称		分项工程名称		验收部位	
施工单位		专业工长		项目经理	
分包单位		分包项目经理		施工班组长	
施工执行标准名称及编号					

		质量验收规范的规定	施工单位检查评定记录	监理（建设）单位验收记录
主控项目	1			
	2			
	3			
	4			
	5			
	6			
	7			
	8			
	9			
	10			
一般项目	1			
	2			
	3			
	4			

施工单位检查评定结果	项目专业质量检查员：　　　　　　　　　　　年　月　日
监理（建设）单位验收结论	监理工程师 （建设单位项目专业技术负责人）：　　　　　年　月　日

_____分项工程质量验收记录　　　　　表 E

工程名称		结构类型		检验批数	
施工单位		项目经理		项目技术负责人	
分包单位		分包单位负责人		分包项目经理	

序号	检验批部位、区段	施工单位检查评定结果	监理（建设）单位验收结论
1			
2			
3			
4			
5			
6			
7			
8			
9			
10			
11			
12			
13			
14			
15			
16			
17			

检查结论	项目专业 技术负责人： 　　　　　年 月 日	验收结论	监理工程师 （建设单位项目专业技术负责人） 　　　　　年 月 日

_____分部（子分部）工程验收记录　　　　表 F

工程名称			结构类型		层　数	
施工单位			技术部门负责人		质量部门负责人	
分包单位			分包单位负责人		分包技术负责人	
序号	分项工程名称	检验批数	施工单位检查评定		验收意见	
1						
2						
3						
4						
5						
6						
质量控制资料						
安全和功能检验（检测）报告						
观感质量验收						
验收单位	分包单位				项目经理　　年　月　日	
	施工单位				项目经理　　年　月　日	
	勘察单位				项目负责人　年　月　日	
	设计单位				项目负责人　年　月　日	
	监理（建设）单位				总监理工程师（建设单位项目专业负责人）　年　月　日	

160

单位（子单位）工程质量竣工验收记录

表 G1

工程名称		结构类型		层数/建筑面积	
施工单位		技术负责人		开工日期	
项目经理		项目技术负责人		竣工日期	

序号	项目	验收记录	验收结论
1	分部工程	共　　分部，经查　　分部 符合标准及设计要求　　分部	
2	质量控制资料核查	共　　项，经审查符合要求　　项 经核定符合规范要求　　项	
3	安全和主要使用功能核查及抽查结果	共核查　　项，符合要求　　项 共抽查　　项，符合要求　　项 经返工处理符合要求　　项	
4	观感质量验收	共抽查　　项，符合要求　　项 不符合要求　　项	
5	综合验收结论		

参加验收单位	建设单位	监理单位	施工单位	设计单位
	（公章） 单位（项目）负责人 　　年　月　日	（公章） 总监理工程师 　　年　月　日	（公章） 单位负责人 　　年　月　日	（公章） 单位（项目）负责人 　　年　月　日

单位(子单位)工程质量控制资料核查记录　　　　表 G2

工程名称			施工单位			
序号	项目	资料名称		份数	核查意见	核查人
1	建筑与结构	图纸会审、设计变更、洽商记录				
2		工程定位测量、放线记录				
3		原材料出厂合格证书及进场检(试)验报告				
4		施工试验报告及见证检测报告				
5		隐蔽工程验收记录				
6		施工记录				
7		预制构件、预拌混凝土合格证				
8		地基基础、主体结构检验及抽样检测资料				
9		分项、分部工程质量验收记录				
10		工程质量事故及事故调查处理资料				
11		新材料、新工艺施工记录				
12						
1	给排水与采暖	图纸会审、设计变更、洽商记录				
2		材料、配件出厂合格证书及进场检(试)验报告				
3		管道、设备强度试验、严密性试验记录				
4		隐蔽工程验收记录				
5		系统清洗、灌水、通水、通球试验记录				
6		施工记录				
7		分项、分部工程质量验收记录				
8						
1	建筑电气	图纸会审、设计变更、洽商记录				
2		材料、设备出厂合格证书及进场检(试)验报告				
3		设备调试记录				
4		接地、绝缘电阻测试记录				
5		隐蔽工程验收记录				
6		施工记录				
7		分项、分部工程质量验收记录				
8						
1	通风与空调	图纸会审、设计变更、洽商记录				
2		材料、设备出厂合格证书及进场检(试)验报告				
3		制冷、空调、水管道强度试验、严密性试验记录				
4		隐蔽工程验收记录				
5		制冷设备运行调试记录				
6		通风、空调系统调试记录				
7		施工记录				
8		分项、分部工程质量验收记录				
9						

续表

工程名称			施工单位			
序号	项目	资 料 名 称		份数	核查意见	核 查 人
1	电梯	土建布置图纸会审、设计变更、洽商记录				
2		设备出场合格证书及开箱检验记录				
3		隐蔽工程验收记录				
4		施工记录				
5		接地、绝缘电阻测试记录				
6		负荷试验、安全装置检查记录				
7		分项、分部工程质量验收记录				
8						
1	建筑智能化	图纸会审、设计变更、洽商记录、竣工图及设计说明				
2		材料、设备出场合格证及技术文件及进场检（试）验报告				
3		隐蔽工程验收记录				
4		系统功能测定及设备调试记录				
5		系统技术、操作和维护手册				
6		系统管理、操作人员培训记录				
7		系统检测报告				
8		分项、分部工程质量验收记录				

结论：

施工单位项目经理

年 月 日

总监理工程师
（建设单位项目负责人）

年 月 日

单位（子单位）工程安全和功能检验
资料核查及主要功能抽查记录

表 G3

工程名称			施工单位			
序号	项目	安全和功能检查项目	份数	核查意见	抽查结果	核查（抽查）人
1	建筑与结构	屋面淋水试验记录				
2		地下室防水效果检查记录				
3		有防水要求的地面蓄水试验记录				
4		建筑物垂直度、标高、全高测量记录				
5		抽气（风）道检查记录				
6		幕墙及外窗气密性、水密性、耐风压检测报告				
7		建筑物沉降观测测量记录				
8		节能、保温测试记录				
9		室内环境检测报告				
10						
1	给排水与采暖	给水管道通水试验记录				
2		暖气管道、散热器压力试验记录				
3		卫生器具满水试验记录				
4		消防管道、燃气管道压力试验记录				
5		排水干管通球试验记录				
6						
1	电气	照明全负荷试验记录				
2		大型灯具牢固性试验记录				
3		避雷接地电阻测试记录				
4		线路、插座、开关接地检验记录				
5						
1	通风与空调	通风、空调系统试运行记录				
2		风量、温度测试记录				
3		洁净室洁净度测试记录				
4		制冷机组试运行调试记录				
5						
1	电梯	电梯运行记录				
2		电梯安全装置检测报告				
1	智能建筑	系统试运行记录				
2		系统电源及接地检测报告				
3						

结论：

施工单位项目经理

总监理工程师
（建设单位项目负责人）

年 月 日　　　　　　　　　　　　　年 月 日

单位（子单位）工程观感质量检查记录　　表 G4

工程名称			施工单位										
序号	项目		抽查质量状况									质量评价		
												好	一般	差
1	建筑与结构	室外墙面												
2		变形缝												
3		水落管，屋面												
4		室内墙面												
5		室内顶棚												
6		室内地面												
7		楼梯、踏步、护栏												
8		门窗												
1	给排水与采暖	管道接口、坡度、支架												
2		卫生器具、支架、阀门												
3		检查口、扫除口、地漏												
4		散热器、支架												
1	建筑电气	配电箱、盘、板、接线盒												
2		设备器具、开关、插座												
3		防雷、接地												
1	通风与空调	风管、支架												
2		风口、风阀												
3		风机、空调设备												
4		阀门、支架												
5		水泵、冷却塔												
6		绝热												
1	电梯	运行、平层、开关门												
2		层门、信号系统												
3		机房												
1	智能建筑	机房设备安装及布局												
2		现场设备安装												
3														
观感质量综合评价														
检查结论		施工单位项目经理 年　月　日					总监理工程师 （建设单位项目负责人） 年　月　日								

注：质量评价为差的项目，应进行返修。

参 考 文 献

1. 中国建设监理协会组织编写. 建设工程质量控制（第一版）. 北京：中国建筑工业出版社，2004
2. 顾勇新主编. 吴涛主审. 施工项目质量控制（第一版）. 北京：中国建筑工业出版社，2003
3. 吴松勤主编. 建筑工程施工质量验收规范应用讲座（验收表格）（第一版）. 北京：中国建筑工业出版社，2003
4. 杨效中主编. 建筑工程监理案例（第一版）. 北京：中国建筑工业出版社，2003
5. 王赫主编. 建筑工程质量事故百问（第一版）. 北京：中国建筑工业出版社，2002
6. 韩明主编. 土木建设工程监理. 天津：天津大学出版社，2004
7. 熊广忠主编. 工程建设监理实用手册. 北京：中国建筑工业出版社，1994
8. 中国建设监理协会组织编写. 全国监理工程师培训考试参考资料. 北京：知识产权出版社，2003
9. 全国监理工程师培训教材编写委员会编. 全国监理工程师培训教材. 北京：中国建筑工业出版社，2005
10. 中国建筑工业出版社编. 新版建筑工程施工质量验收规范汇编（第一版）. 北京：中国建筑工业出版社、中国计划出版社，2002
11. 中华人民共和国国家标准. 建设工程监理规范（GB 50319—2000）. 北京：中国建筑工业出版社，2001
12. 全国建筑业企业项目经理培训教材编写委员会. 施工项目质量安全与管理（修订版）. 北京：中国建筑工业出版社，2002
13. 全国一级建造师执业资格考试用书编写委员会编写. 房屋建筑工程管理与实务（第一版）. 北京：中国建筑工业出版社，2004
14. 中华人民共和国国家标准. 建设工程文件归档整理规范（GB/T 50328—2001）. 北京：中国建筑工业出版社，2002
15. 2000版质量管理体系国家标准理解与实施. 北京：中国标准出版社，2000